KB184877

페르마가 들려주는 약수와 배수 2 이야기

NEW 수학자가 들려주는 수학 이야기 02

페르마가 들려주는 약수와 배수 2 이야기

2판 1쇄 인쇄일 | 2025년 2월 3일
2판 1쇄 발행일 | 2025년 2월 17일

지은이 | 김화영
펴낸이 | 정은영
펴낸곳 | (주)자음과모음

출판등록 | 2001년 11월 28일 제2001-000259호
주소 | 10881 경기도 파주시 회동길 325-20
전화 | 편집부 (02)324-2347, 경영지원부 (02)325-6047
팩스 | 편집부 (02)324-2348, 경영지원부 (02)2648-1311
e-mail | jamoteen@jamobook.com

ISBN 978-89-544-5198-7 44410
978-89-544-5196-3 (세트)

김화영 지음

NEW
수학자가 들려주는
수학 이야기
02

페르마가 들려주는 약수와 배수 2 이야기

(주)자음과모음

추천사

수학자라는 거인의 어깨 위에서 보다 멀리, 보다 넓게 바라보는 수학의 세계!

수학 교과서는 대개 '결과'로서의 수학을 연역적으로 제시하는 경향이 강하기 때문에 학생들은 수학이 끊임없이 진화해 왔다고 생각하기 어렵습니다. 그렇지만 수학의 역사는 하나의 문제가 등장하고 그에 대해 많은 수학자가 고심하고 이를 해결하는 가운데 새로운 아이디어가 출현해 온 역동적인 과정입니다.

〈NEW 수학자가 들려주는 수학 이야기〉는 수학 주제들의 발생 과정을 수학자들의 목소리를 통해 친근하게 이야기 형식으로 들려주기 때문에 학생들이 수학을 '과거 완료형'이 아닌 '현재 진행형'으로 인식하는 데 도움이 될 것입니다.

학생들이 수학을 어려워하는 요인 중의 하나는 '추상성'이 강한 수학적 사고의 특성과 '구체성'을 선호하는 학생의 사고 사이에 존재하는 간극이며, 이런 간극을 줄이기 위해서 수학의 추상성을 희석시키고 수학 개념과 원리의 설명에 구체성을 부여하는 것이 필요합니다.

〈NEW 수학자가 들려주는 수학 이야기〉는 수학 교과서의 내용을 생동감 있게 재구성함으로써 추상적인 수학을 구체성을 갖는 수학으로 변모시키고 있습니다. 또한 중간중간에 곁들여진 수학자들의 에피소드는 자칫 무료해지기 쉬운 수학 공부에 윤활유 역할을 해 줄 것입니다.

〈NEW 수학자가 들려주는 수학 이야기〉의 구성을 보면 우선 수학자의 업적을 개략적으로 소개하고, 6~9개의 강의를 통해 수학 내적 세계와 외적 세계, 교실 안과 밖을 넘나들며 수학 개념과 원리를 소개한 후 마지막으로 강의에서 다룬 내용을 정리합니다.

이런 책의 흐름을 따라 읽다 보면 각각의 도서가 다루고 있는 주제에 대한 전체적이고 통합적인 이해가 가능하도록 구성되어 있습니다. 〈NEW 수학자가 들려주는 수학 이야기〉는 학교 수학 교과 과정과 긴밀하게 맞물려 있으며, 전체 시리즈를 통해 학교 수학의 많은 내용들을 다룹니다. 따라서 〈NEW 수학자가 들려주는 수학 이야기〉를 학교 수학 공부와 병행하면서 읽는다면 교과서 내용의 소화 흡수를 도울 수 있는 효소 역할을 할 것입니다.

뉴턴이 'On the shoulders of giants'라는 표현을 썼던 것처럼, 수학자라는 거인의 어깨 위에서는 보다 멀리, 넓게 바라볼 수 있습니다. 학생들이 〈NEW 수학자가 들려주는 수학 이야기〉를 읽으면서 각 수학자의 어깨 위에서 보다 수월하게 수학의 세계를 내다보는 기회를 갖기를 바랍니다.

홍익대학교 수학교육과 교수 | 《수학 콘서트》 저자 박경미

책머리에

세상의 진리를 수학으로 꿰뚫어 보는 맛 그 맛을 경험시켜 주는 '약수와 배수 2' 이야기

아이들에게 수학이 어렵게 느껴지는 것은 수학과 시험을 함께 생각하기 때문입니다. 수학을 처음 접하는 아이들은 문제를 잘 풀어내는 능력을 기르는 것만을 중요하게 생각합니다. 이와 같은 현재의 교육 방법은 아이들이 수학을 어려워하고 점점 더 멀리하게 만드는 요인이 되고 있습니다.

『와일스가 뽑아 든 책은 책장 한 구석에 꽂혀 있었던 《마지막 문제》라는 책이었습니다.

"마지막 문제? 이게 뭘까?"

그 내용이 무척이나 궁금했던 와일스는 책을 단숨에 읽어버렸습니다. 이 책에서 소개하고 있는 마지막 문제란 바로 300년이 넘도록 무수히 많은 천재 수학자들을 좌절하게 만들었던 페르마의 마지막 정리였던 것입니다.

"어, 이상하다. 이것은 나처럼 어린아이도 이해할 수 있는 아주 쉬운 문제 같은데 위대한 수학자들조차도 푼 사람이 아무도 없다니, 좋아! 그렇다면 이 문제는 내가 풀어야지."

와일스는 책을 사서 선생님에게 종이와 연필을 빌려 문제를 풀기 시작했습니다. 하지만 금방이라도 답이 나올 것만 같았던 문제는 오랜 시간이 지나도 풀리지 않았습니다. 해는 벌써 져서 밖은 어두워졌습니다. 도서관에 있던 사람들은 어린 꼬마가 꽤 오랜 시간 동안 낑낑대며 문제를 풀고 있는 모습을 신기한 듯 바라보다가 한두 명씩 집으로 돌아갔습니다. 와일스는 사서 선생님이 집으로 돌아가야 할 시간이라고 알려줄 때까지 꼼짝하지 않았습니다.

(……중략……)

저녁을 먹는 둥 마는 둥 하고 방으로 들어온 와일스는 책상 앞에 앉아 다시 그 문제에 매달렸습니다. 그러나 어린 소년이 풀기에 페르마의 정리는 너무나 어렵고 힘든 과제였습니다. 하지만 어떤 일이든 포기라는 것을 모르는 와일스에게 페르마의 정리는 새로운 도전이자 꿈이었습니다.

"내가 언젠가는 이 문제를 반드시 풀고 말 거야."

어린 소년에게 새로운 꿈을 안겨 준 페르마의 마지막 정리는 20세기 수학의 천재를 만들어낼 수 있는 계기가 되었습니다.』 본문 내용 중에서

어린 소년 와일스는 우연히 도서관에서 페르마의 마지막 정리라는 책을 접하게 됩니다. 그것이 와일스의 인생을 바꾸는 엄청난 계기가 될 줄은 아무도 몰랐습니다.

수학은 문제를 잘 풀고 시험에서 좋은 결과를 얻기 위해 배우는 것이 아닙니다. 수학은 우리의 생활과 밀접한 관련이 있으며 세상을 변화시킬 수 있는 커

다란 힘이 있습니다. 어린 와일스에게 수학은 재미있는 놀이이자 꿈이었습니다. 따라서 생활 속에서 수학의 기초 원리, 기본 개념을 자연스럽게 가르쳐 주기만 하면 아이들은 수학을 재미있는 놀이로 받아들일 수 있을 겁니다.

이 책은 와일스의 일생을 통해서 학생들에게 수학을 통한 새로운 도전 의식을 가지게 하고 수학을 좀 더 친근하게 접할 수 있도록 하였습니다.

김화영

차례

추천사 04

책머리에 06

100% 활용하기 12

페르마의 개념 체크 18

1교시

유클리드 호제법 27

2교시

소인수분해는 한 가지 방법밖에 없답니다 59

3교시

소수의 개수는 무한히 많아요 71

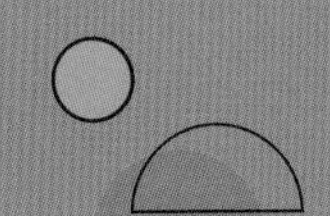

4교시

여러 가지 종류의 소수 87

5교시

페르마의 소정리 111

6교시

페르마의 대정리 129

1 이 책은 달라요

《페르마가 들려주는 약수와 배수 2 이야기》는 자연수의 여러 가지 성질들을 재미있는 이야기를 통해 쉽게 알려 주고 있습니다. 특히 모든 자연수의 성질을 알 수 있는 소수의 특징에 대해서 구체적으로 다루고 있습니다. 이 책을 읽으면서 학생들은 소수에 대한 연구와 노력을 아끼지 않았던 많은 수학자의 삶을 통해 만약 그들의 열정이 없었다면 현대 수학은 더 이상 발전할 수 없었을 것이라는 교훈을 배우게 됩니다.

또한 아직도 해결되지 못한 많은 수학 문제를 소개하고 있습니다. 이 문제들을 통해 수백 년이 지나도록 풀리지 않던 세계적인 난제를 해결한 앤드루 와일스가 어린 시절 우연히 작은 도서관에서 페르마의 마지막 정리를 읽고 그 문제를 반드시 자신의 힘으로 해결해야겠다는 큰 꿈을 가졌던 것처럼 학생들에게 새로운 꿈과 도전 의식을 가질 수 있는 계기를 만들어 주고 있습니다.

2 이런 점이 좋아요

① 수에 관련된 여러 가지 성질을 알게 되고 다양한 종류의 수에 대하여 배우게 됩니다.

② 초등학생부터 중학생까지 최대공약수와 최소공배수를 단계별로 구하는 방법을 자연스럽게 배울 수 있도록 했습니다. 또한 최대공약수와 최소공배수가 실생활과 어떻게 밀접한 관련을 가지고 있는지 알 수 있습니다.

③ 교과 과정에 나오지 않는 수에 대한 새로운 내용을 담아 고등학생들이 수리논술을 대비하기 위한 좋은 자료가 될 것입니다.

3 교과 연계표

학년	단원(영역)	관련된 수업 주제 (관련된 교과 내용 또는 소단원 명)
중 1학년, 비교과	수와 연산	소인수분해

4 수업 소개

1교시 유클리드 호제법

《페르마가 들려주는 약수와 배수 1 이야기》에서 배웠던 두 수의 최대공약수를 구하는 방법 이외에 유클리드 호제법을 이용하여 최대공약수를 구하는 방법에 대해 소개하고 있습니다.

- 선행 학습 : 최대공약수와 최소공배수
- 학습 방법 : 유클리드 호제법이 무엇인지 알아보고 소인수분해를 이용하여 구하는 방법과 유클리드 호제법을 이용하여 구하는 방법의 장단점을 알아봅니다. 또한 증명이라는 새로운 시도를 함으로써 증명의 중요성을 깨달을 수 있도록 합니다.

2교시 소인수분해는 한 가지 방법밖에 없답니다

자연수를 소수의 곱으로 나타내는 방법을 소인수분해라고 하는데 이와 같은 소인수분해를 하는 방법이 왜 한 가지밖에 없는지에 대해 알려 줍니다.

- 선행 학습 : 소수, 소인수분해
- 학습 방법 : 소인수분해를 하는 방법을 알아보고 1이 왜 소수가 아닌지 그 이유에 대해 생각해 봅니다. 또한 1을 소수라고 가정했을 때 어떤 수를 소인수분해한 결과가 어떻게 나올 수 있는지에 대해 알아봅니다.

3교시 소수의 개수는 무한히 많아요

자연수 중에서 어떤 수가 소수인지 찾아내는 방법 중에서 가장 편리한 것이 에라토스테네스의 체를 이용하는 방법입니다. 이 방법으로 지금까지 찾은 소수 중에서 가장 큰 소수가 어떤 것인지 알려줍니다. 또한 이렇게 찾아낼 수 있는 소수가 무한히 많다는 것을 유클리드가 증명한 방법을 소개하고 있습니다.

- 선행 학습 : 소수, 소인수분해
- 학습 방법 : 에라토스테네스의 체를 이용하여 소수를 찾아보고 소수의 개수가 얼마나 되는지 알아봅니다. 또한 지금까지 찾은 소수 중에서 가장 큰 소수가 어떤 것인지와 가장 큰 소수를 찾는 과정을 알아봅니다.

4교시 여러 가지 소수

쌍둥이 소수, 메르센 소수 등 여러 가지 독특한 성질을 가진 소수에 대하여 설명합니다. 그리고 소수와 관련되어 있는 여러 가지 문제 중에서 아직까지도 해결되지 못하고 남아 있는 문제들이 무엇인지 소개하고 있습니다.

- 선행 학습 : 소수
- 학습 방법 : 소수가 갖는 여러 가지 성질에 의해 다양한 종류의 이름을 가진 소수가 어떤 것이 있는지 찾아봅니다. 또한 아직까지도 해결되지 않고 남아 있는 정리들이 무엇인지 알아보고 문제를 해결하겠다는 도전 의식을 가져 보도록 합니다.

5교시 페르마의 소정리

- 선행 학습 : 배수, 나머지 정리
- 학습 방법 : 페르마의 소정리가 어떤 것이지 알아보고 합동식에 대한 기본적인 개념을 익힐 수 있도록 합니다.

6교시 페르마의 마지막 정리

- 선행 학습 : 피타고라스의 정리, 거듭제곱
- 학습 방법 : 페르마의 대정리가 무엇인지 알고 이를 증명하기 위해 노력한 많은 수학자의 삶을 통해 수학이 발전하기 위해서 많은 사람의 노력이 있었음을 알도록 합니다.

페르마를 소개합니다

Pierre de Fermat(1601~1665)

페르마의 마지막 정리.

수학을 좋아하지 않는 이들도 많이 들어 보셨겠죠? 그런데 저는 사실 변호사이자 툴루즈의 청원위원이었답니다.

아마추어 수학자임에도 불구하고 여러 방면에서 획기적인 업적을 남겼지요.

여러분, 다시 만나서 반갑습니다.

여러분, 나는 페르마입니다

페르마와 다시 만나다.

"공부는 정말 좋아. 매일 매일 공부만 했으면 좋겠어.

야, 이 문제 재미있겠는데 풀어 봐야지."

"페르마 선생님! 안녕하세요. 그런데 지금 뭐 하세요? 아니, 또 공부하시는 거예요? 선생님은 공부가 그렇게 좋으세요?"

하하. 내 취미가 공부하는 것이라고 말했던 것 같은데요. 나는 공부만 하면서 살았으면 좋겠어요.

"선생님, 진짜 너무해요. 우리 엄마가 선생님 이야기를 듣고 매일 저보고 선생님 반만 닮았으면 좋겠다고 잔소리를 한단 말이에요."

"맞아요. 저도 엄마한테 공부는 안 하고 매일 친구들과 어울려 논다고 혼나는걸요."

"그나저나 이번에는 어떤 이야기를 해 주실 거예요?"

공부를 시작하기 전에 《약수와 배수 1 이야기》에서 어떤 내용을 배웠는지 알아보도록 할까요?

"1, 3, 6, 10과 같은 삼각수에 대해 배웠어요."

"소인수분해도 배웠어요."

지난번 사물함 열쇠를 잃어버려서 고생한 적이 있었던 아이가 큰 소리로 외쳤습니다.

"배수 찾는 연습도 했어요. 이건 선생님이 보물 상자에 넣어두었던 우정의 돌이에요."

분홍색 모자를 쓴 귀여운 여자아이가 작고 예쁜 주머니에서 돌을 꺼내 보이며 말했습니다.

모두 기억을 잘하고 있는 것 같네요. 혹시 기억나지 않는 사람을 위해 다시 한번 정리해 볼게요.

1. 삼각수와 완전수란 무엇인가?

2. 소수란 무엇인가?

3. 소인수분해는 어떻게 하는 것인가?

4. 최대공약수[1]와 최소공배수란 무엇인가?

5. 배수를 찾아라.

메모장

❶ 최대공약수 두 수 이상의 수의 공약수 중에서 가장 큰 수

지난번 책에는 여러분이 이미 배워서 아는 내용도 있었고 이해하기가 좀 어려운 내용도 있었습니다. 오늘은 '소수는 과연 몇 개나 될까? 소수와 관련된 여러 가지 정리는 무엇인가? 페르마의 소정리와 대정리가 무엇일까?' 등 소수에 대해 좀 더 깊이 있는 내용을 공부해 보려고 합니다.

《약수와 배수 1 이야기》에서 자연수의 성질을 알 수 있게 하는 가장 기본적인 수가 소수이고 따라서 소수가 중요하다는 이야기를 했어요. 소수에 대한 연구가 많은 수학자에게 큰 관심의 대상이 될 수밖에 없는 이유도 그 때문이겠지요. 물론 나도 그중 한 사람이지만요. 덕분에 소수와 관련된 여러 가지 정리들이 많이 나왔답니다. 아마 여러분이 이해하기에 어려운 내용도 많이 있을 거예요. 되도록 쉽게 설명하려고 노력은 하겠지

만 한계가 있을 겁니다.

그래도 포기하지 말고 여러분이 수학에 대해 더 많은 공부를 하게 되면 오늘 내가 말한 내용을 대부분 이해할 수 있을 테니까 자신감을 가지고 귀 기울여 들었으면 좋겠어요.

"네! 걱정 마세요, 선생님. 지난번의 경험이 있기 때문에 이제는 우리가 알아듣지 못하는 내용이 있어도 '아, 수학에는 이런 내용도 있구나.'라고 생각할게요."

"그렇게 말해 주니 부담 없이 오늘 공부를 시작할 수 있겠네요."

자, 그럼 공부할 준비가 다 된 것 같으니까 소수의 세계로 들어가 볼까요?

페르마 선생님!
앗!
깜짝이야.
아…
어서들 와라.
선생님은
공부가 그렇게
재미있으세요?
닥
닥
닥
그럼요.
제 취미는
공부입니다.
하
하
하
정말 대단하신
선생님이셔.
이번에는
우리에게 어떤 걸
알려 주실 거죠?
《약수와 배수 1
이야기》 복습부터
해 봅시다.
1, 3, 6, 10과
같은 삼각수에
대해 배웠어요.
소인수분해도
배웠어요.
배수 찾는
연습도 했죠.
아주 잘
기억하고
있군요.
오늘은 소수에 대해
좀 더 깊이 있게
공부할 겁니다.
소수요?

자연수의 성질을 알 수 있게 해 주는 가장 기본적인 수가 바로 소수입니다.
소수는 많은 수학자의 큰 관심의 대상이죠.
소수
그럼, 소수의 세계로 들어가 볼까요.
네!! 소수의 세계로 Go! Go!
와 아

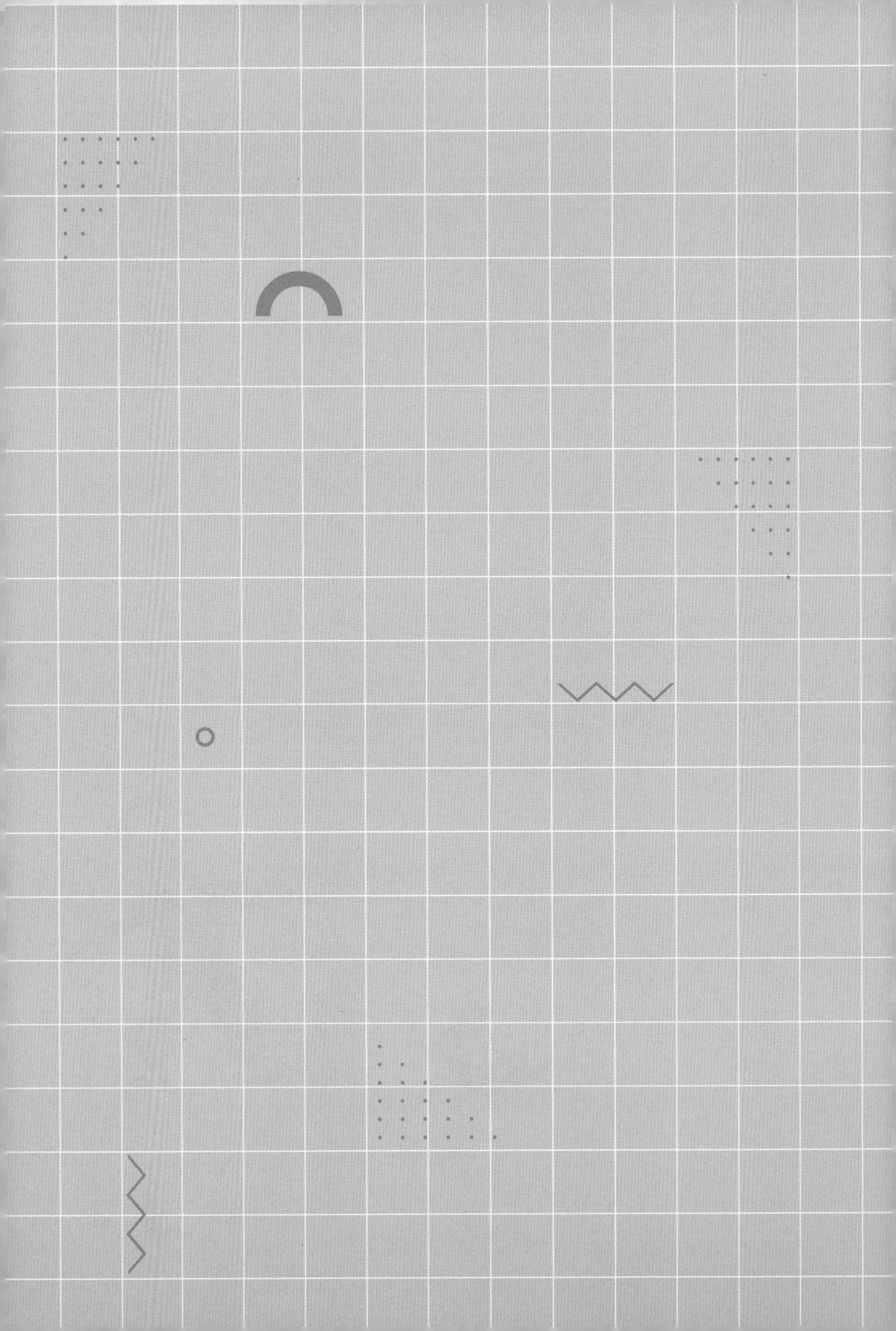

1교시

유클리드 호제법

유클리드 호제법을 이용하면
최대공약수를 쉽게 구할 수 있습니다.

수업 목표

1. 유클리드 호제법이 무엇인지 알 수 있습니다.
2. 유클리드 호제법을 이용하여 복잡한 수의 최대공약수를 구할 수 있습니다.

미리 알면 좋아요

1. 최대공약수는 두 수 또는 세 수 이상의 수들의 공통인 약수 중에서 가장 큰 수를 말합니다. 최대공약수를 구하는 방법은 공통인 수로 나누는 방법과 소인수분해를 이용하는 방법이 있습니다. 예를 들어, 30과 45의 최대공약수는 다음과 같은 방법으로 구할 수 있습니다.

$$\begin{array}{r|rr} 3 & 30 & 45 \\ \hline 5 & 10 & 15 \\ \hline & 2 & 3 \end{array}$$

따라서 최대공약수는 $3\times5=15$입니다.

$$\begin{array}{r} 30=2\times3\times5 \\ 45=3\times3\times5 \\ \hline 3\times5 \end{array}$$

따라서 최대공약수는 $3\times5=15$입니다.

페르마의 첫 번째 수업

페르마와 아이들은 오랜만에 다시 만났습니다. 아이들은 지난번에 만났을 때보다 훨씬 더 성숙해져 있었습니다.

그동안 아이들은 페르마에게 물어보고 싶었던 이야기가 무척이나 많았나 봅니다. 페르마 주위로 몰려들어 서로 먼저 이야기를 하겠다고 하는 바람에 페르마는 정신을 차릴 수가 없었습니다.

"자, 조용히 하고 한 사람씩 말해 보세요."

간신히 아이들을 자리에 앉힌 페르마는 부드러운 미소로 말했습니다.

"선생님, 며칠 전에 제가 지난번에 선생님이 가르쳐 주신 방법대로 최대공약수를 구하고 있었거든요. 그런데 숫자가 좀 복잡해서 그런지 잘 구해지지가 않았어요. 저녁 내내 좋아하는 오락 프로그램도 보지 않은 채 책상에 앉아 낑낑대고 있는데 작은 형이 다가오더니 뭐 하냐고 묻는 거예요.

작은형은 공부를 잘해 늘 엄마의 칭찬을 독차지하고 있어요. 그런 형이 얄미울 때도 많긴 하지만 수학을 아주 잘해서 제가 모르는 문제가 있을 때마다 척척 해결해 주기 때문에 미워할 수가 없어요. 형은 내가 풀고 있던 공책을 쳐다보더니

"이것도 못해? 유클리드 호제법으로 풀면 더 쉬워."

라면서 금방 답을 구해 주는 것이었어요. 내가 하루 종일 풀어도 안 풀리던 문제였는데 5분 만에 풀어 버리다니.

자존심이 상하고 속상하긴 했지만 꾹 참고 유클리드 호제법이 뭐냐고 물었지요. 그랬더니 넌 아직 어려서 몰라도 된다면서 가르쳐 주지도 않고 그냥 방을 휙 나가 버리는 거예요. 내가 어리다고 무시하는 것 같아 약이 올라서 혼자서 이 책 저 책 꺼내 놓고 유클리드 호제법에 대해 공부를 하려고 했지만 아무리

해도 뭐가 뭔지 잘 모르겠어요."

평소에도 궁금한 것이 있으면 참지 못하고 꼭 해결하고야 마는 성미여서 아이들에게 억척원래 이름은 해성이인데 아이들은 척이라고 부른답니다이라는 별명으로 불리는 해성이가 기다렸다는 듯이 큰 소리로 말했습니다. 척이가 최대공약수를 구하고 싶었던 수는 75764와 18073이었습니다.

척이 말대로 최대공약수를 구하기가 쉽지 않은 수이군요. 혹시 여러분 중에 누가 이 두 수의 최대공약수를 구해 볼 사람이 있나요?

페르마의 말에 아이들은 노트를 꺼내 놓고 열심히 문제를 풀었습니다. 그런데 시간이 지나도 좀처럼 답을 찾아내는 아이가 나오질 않았어요. 한참의 시간이 지나자 아이들은 하나둘 포기한 듯 연필을 내려놓고 아직도 문제를 풀고 있는 다른 친구들 쳐다보거나 장난을 치기도 했지요.

페르마는 아이들에게 지난 시간에 배웠던 최대공약수에 대해 설명하기 시작했어요.

최대공약수란 두 수의 공통인 약수 중에서 가장 큰 약수라고 했던 말 기억나지요. 그런 최대공약수를 소인수분해를 하거나 두 수의 공통인 약수로 나눗셈을 하여 구할 수 있다는 것도 배웠어요.

그럼 척이가 나와서 320과 400의 최대공약수를 구해 볼래요?

척이는 이런 것은 문제도 아니라는 듯 씩씩하게 칠판 앞으로 걸어 나와 문제를 풀었습니다.

) 320 400

잘했어요. 75764와 18073의 최대공약수는 왜 구해지지 않을까요? 그것은 두 숫자의 공통인 약수를 찾는 것이 쉽지 않기 때문이에요. 이와 같이 두 수의 공통인 약수를 쉽게 구할 수 없는 경우가 많답니다. 이런 문제를 해결해 준 사람이 바로 고대 그리스의 수학자 유클리드에요.

오늘은 여러분에게 그동안 최대공약수를 구하기 위해 사용했던 방법과는 다른 새로운 방법을 소개해 주려고 합니다. 유클리드가 만들어 준 방법이에요. 이는 바로 척이의 형이 사용했던 유클리드 호제법이랍니다. 유클리드 호제법은 《원론》이라는 책에 기록되어 있는데 이 책은 유클리드가 만든 것이랍니다.

유클리드 호제법을 공부하기 전에 유클리드가 지었다는《원론》이 어떤 책인지에 대해 잠시 알아보도록 할게요. 자, 나를 따라오세요.

페르마는 아이들을 데리고 커다란 도서관으로 갔습니다. 그곳에는 굉장히 많은 책들이 꽂혀 있었어요. 페르마는 한구석에 있는 서가에서 아주 낡고 오래되어 보이는 책 한 권을 꺼냈습니다.

이것이 바로 《원론》 또는 《유클리드 원론原論, Element》이라고 불리는 책입니다. 유클리드는 기원전 300년경에 살았던 수학

자입니다. 그런데 유클리드에 대해 알려진 것은 거의 없습니다. 그가 어느 나라 사람인지, 언제 태어나고 언제 죽었는지, 심지어 어떤 연구를 했는지조차도 알 수가 없답니다.

하지만 그가 지은 《원론》이라는 책은 수 세기에 걸쳐 수학 교과서로 많은 사람에게 읽힐 만큼 유명해져 있어요. 여러분이 학교에서 배우는 대부분의 수학 교과서 내용도 이 책에 담겨져 있답니다.

옛날에는 수학책이 없었어요. 공부를 하고 싶어도 볼만한 책을 구하는 것이 쉽지 않았지요. 옛날부터 알려진 대부분의 내용은 입에서 입으로 전해져 내려왔을 뿐이고 여러 나라에 흩어져 살던 많은 수학자는 자신의 이론들을 잘 정리해 놓지도 않았답니다.

여러분은 수학 공부를 하고 싶을 때 책이 필요하다면 언제든지 쉽게 구할 수 있지요? 아마 부모님께 공부하기 위해서 책이 필요하다고 하면 언제든지 기꺼이 사 주시려고 할 거예요.

"맞아요. 우리 엄마는 내가 책을 산다고 하면 아무 말씀도 하지 않으시고 돈을 주세요. 그래서 지난번에는 거짓말을 하고 군

것질을 해 버렸어요. 나중에 엄마가 아셔서 얼마나 혼났는지 몰라요. 크크."

이런, 다시는 그런 거짓말은 하면 안 돼요.

"네, 이제 안 그럴 거예요. 엄마랑 약속했는걸요."

그래요. 책을 사고 싶어도 책이 없어서 힘들게 공부했던 옛날 사람들을 생각한다면 여러분은 이렇게 편하게 공부하는 것을 감사하게 생각해야 된답니다.

유클리드는 책이 필요한 사람들을 위해 좋은 수학책을 만들어야겠다고 생각했지요. 그래서 자료를 모으기 시작했어요. 선배 수학자들이었던 피타고라스, 플라톤, 히포크라테스와 같은 사람들이 오랜 기간 동안 연구했던 자료를 모아 체계적으로 편집을 했고 각 나라에서 사용하고 있던 수학에 관련된 문헌들을 분석하여 잘못된 부분이 있으면 수정을 하고 모자라는 부분이 있으면 나름대로 잘 보완을 했답니다. 물론 쉽지 않은 작업이었어요. 지금처럼 교통이 발달되어 있거나 전화나 편지를 쉽게 주고받을 수도 없는 상황이었으니까요. 지금은 인터넷이 잘 발달되어 우리가 알고 싶은 자료가 있으면 언제든지 찾아낼 수가 있지만 그 시대에는 발로 뛰어다녀야만 필요한 자료를 얻을 수가 있었답니다.

아무튼 아주 오랜 시간에 걸친 그의 작업이 끝이 나고 드디어 《유클리드 원론》이라는 책이 탄생하게 되었어요. 결국 유클리드는 수학사에 있어서 대단한 일을 한 셈이 된 것입니다. 유클리드 원론은 내용에 따라 모두 13권으로 구성되어 있는데 대부분의 내용이 기하학과 관련된 것이지요.

기하학이란 도형에 관련된 학문이라고 생각하면 돼요. 그중에서 오늘 우리가 배우려고 하는 유클리드 호제법은 제7권에 기록되어 있는 내용이랍니다. 그럼 이제부터 유클리드 호제법에 대하여 공부를 해 보도록 할까요.

처음에 말한 것처럼 유클리드 호제법은 최대공약수를 쉽게 구할 수 있는 방법이랍니다. 이것은 A를 B로 나눈 나머지가 C일 때, (A와 B의 최대공약수)=(B와 C의 최대공약수)라는 사실을 이용하여 처음에 구하려고 했던 숫자의 크기를 점점 줄여 간단하게 만든 다음 최대공약수를 구하는 방법이지요.

아이들은 페르마가 하는 말을 잘 알아들을 수 없다는 표정을 지으며 고개를 갸우뚱거렸습니다. 그 모습을 지켜보던 페르마는 한참을 생각하더니 이야기를 계속해 나갔어요.

아마 여러분이 이해하기가 좀 쉽지 않았을 거예요.

그렇다면 이렇게 해 볼까요? 48과 21의 공약수를 다음과 같이 구해 보도록 하지요. 소크라테스의 대화법이라고나 할까?

페르마는 알 수 없는 말을 중얼거리더니 아이들에게 질문을 하기 시작했습니다.

48을 21로 나눈 나머지는?

"6."

21을 6으로 나눈 나머지는?

"3."

6을 3으로 나눈 나머지는?

"0."

그렇다면 6과 3의 최대공약수는?

"3."

이제 다 끝났네요. 여러분은 지금 막 48과 21의 최대공약수를 말했어요.

"네? 언제요? 저희는 48과 21의 최대공약수를 구한 적이 없는데요."

“에이, 선생님은 거짓말쟁이.”

아니에요. 조금 전 여러분이 3이라고 말했잖아요.

“그건 6과 3의 최대공약수를 말한 건데요.”

정 믿지 못하겠으면 48과 21의 최대공약수를 구해 보세요.

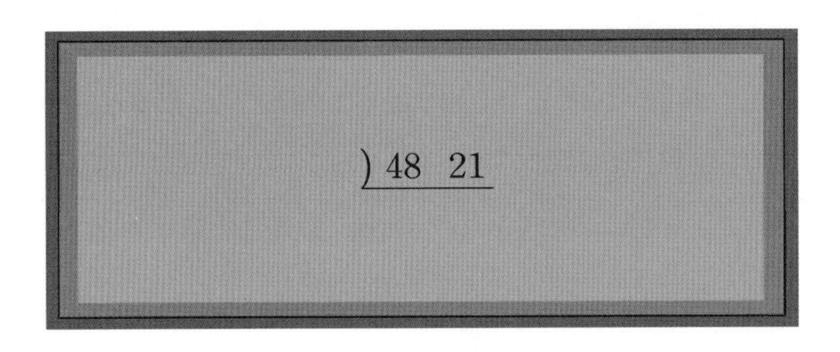

아이들은 페르마의 말을 듣고 48과 21의 최대공약수를 구하기 시작했습니다.

“어, 정말이네. 3이 나왔어.”

제일 먼저 문제를 푼 학생이 소리쳤어요.

“어떻게 된 거예요?”

어때요. 이제 내 말을 믿겠어요. 다시 한번 해 볼까요?

이번에는 240과 150의 최대공약수를 구해 보도록 하지요.

240을 150으로 나눈 나머지는?

“90.”

150을 90으로 나눈 나머지는?

"60."

90을 60으로 나눈 나머지는?

"30."

60을 30으로 나눈 나머지는?

"0."

그렇다면 60과 30의 최대공약수는?

"30."

따라서 240과 150의 최대공약수는 30이랍니다.

확인해 볼까요? 240과 150의 최대공약수를 구해 보세요.

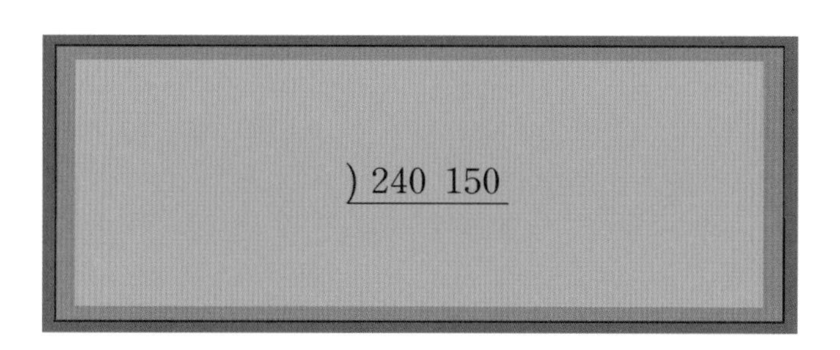

아이들의 페르마의 계산을 아주 신기한 듯 쳐다보았습니다.

48과 21의 최대공약수는 48을 21로 나누었을 때 나눈 수 21과 나머지 6의 최대공약수와 같고 21과 6의 최대공약수는 21을 6으로 나누었을 때 나눈 수 6과 나머지 3의 최대공약수와 같답니다.

"그러니까~, 그러니까~.

아! 이제 알 것 같아요."

척이가 이제야 페르마가 말하고자 하는 것이 무엇인지 알아낸 듯합니다. 자신 있게 앞으로 나가더니 칠판에 문제를 풀기 시작했어요.

쏙쏙 문제 풀기 1

18073과 75764의 최대공약수를 구하여라.

75764=18073×4+3472

75764를 18073으로 나누면 나머지가 3472

18073=3472×5+713

18073를 나머지 3472로 나누면 나머지가 713

3472=713×4+620

3472를 713으로 나누면 나머지가 620

713=620×1+93

713을 620으로 나누면 나머지가 93

620=93×6+62

620을 93으로 나누면 나머지가 62

93=62×1+31

93을 62로 나누면 나머지가 31

62=31×2+0

이제 다 되어 간다. 62를 31로 나누면 나머지가 0

다 끝났다!

결국 18073과 75764의 최대공약수는 62와 31의 최대공약수와 같아진다는 말씀!

따라서 두 수의 최대공약수는 31입니다.

술술 문제를 풀어가는 척이를 보면서 아이들은 "와!" 하고 소리를 질렀습니다. 척이 녀석 기분이 무척이나 좋은 것 같습니다.

"선생님, 제가 맞는지 확인해 볼게요. 두 수를 31로 나누어 보면 되는 거지요?"

아주 잘했어요. 이제 여러분도 유클리드 호제법을 이용하여 최대공약수를 구하는 방법을 알아낸 것 같네요. 그런데 일반적으로 최대공약수를 구할 때는 우리가 앞에서 배운 방법이 더 쉽기 때문에 유클리드 호제법은 잘 쓰지 않는답니다. 그러나 지금처럼 숫자가 복잡해서 약수를 구하기 어려울 때 사용하면 편리하겠지요.

"그런데 선생님, 유클리드는 18073과 75764의 최대공약수와 62와 31의 최대공약수가 같다는 것을 어떻게 알았나요?"

아주 좋은 질문을 했어요. 지금까지 유클리드 호제법으로 최대공약수를 구할 때 A를 B로 나눈 나머지가 C일 경우,

(A와 B의 최대공약수)=(B와 C의 최대공약수)이라는 성질을 이용했습니다.

그렇다면 (A와 B의 최대공약수)가 (B와 C의 최대공약수)와 정말 같을까요?

18073과 75764, 48과 21, 240과 150의 경우의 계산 결과가 같다고 해서 다른 수도 모두 같을까요?

그래서 수학에서는 어떤 성질의 문제를 풀 때 사용하기 위해

서는 반드시 증명이라는 과정을 거쳐야 한답니다.

"증명이요?"

그래요. 증명은 수학의 꽃이라고 할 수 있어요. 증명이 없이

'아마 그럴 거야.'라는 짐작이나 추측은 수학에서는 있을 수 없는 일이랍니다. 좀더 구체적으로 설명해 볼게요.

예를 들어 A를 B로 나눈 나머지가 C일 때, (A와 B의 최대공약수)=(B와 C의 최대공약수)가 맞는 말인지 아닌지 알아본다고 해 봅시다.

"48과 21의 최대공약수는 3이야."

"21과 6의 최대공약수는 3이야."

"6과 3의 최대공약수는 3이야."

"그러니까 (48과 21의 최대공약수)=(21과 6의 최대공약수)=(6과 3의 최대공약수)이므로 A를 B로 나눈 나머지가 C일 때, (A와 B의 최대공약수)=(B와 C의 최대공약수)라고 할 수 있어."

그런데 누군가 다음과 같은 질문을 한다고 합시다.

"48과 21의 경우에는 맞아. 하지만 세상에는 우리가 알고 있거나 알지 못하는 엄청나게 크고 많은 수들이 있는데 이런 모든 수도 다 그럴까? 혹시 하나 정도는 그렇지 않은 경우도 있지 않을까?"

이 질문에 대해 뭐라고 대답해야 할까요?

"모두 다 해 보면 되지."

설마 이렇게 말하는 것은 아니겠지요.

수학이 명쾌하고 정확한 학문인 이유는 바로 증명이라는 과정이 있기 때문이랍니다. 처음으로 수학적인 사실들을 증명하기 시작했던 사람은 고대 그리스의 수학자 피타고라스입니다. 피타고라스는 사람들이 옛날부터 전해져 내려오는 많은 내용을 증명도 없이 받아들이고 있다는 것을 알고 증명이라는 새로운 시도를 하게 됩니다. 피타고라스의 정리가 바로 그것이지요. 피타고라스 정리란 세 변의 길이가 a, b, c여기서 c는 빗변이에요인 직각삼각형의 경우 다음과 같은 식이 만들어진다는 것입니다.

$$a^2+b^2=c^2$$

예를 들어, $3^2+4^2=5^2$이므로 세 변의 길이가 3, 4, 5인 삼각형은 직각삼각형이 되는 것이지요. 사람들은 직각이 필요하면 옛날 옛적 할아버지 때부터 사용하던 습관처럼 세 변의 길이가 3, 4, 5인 삼각형을 만들었답니다. 길이가 3, 4, 5인 경우 왜 직각삼각형이 되는지 그 이유도 모른 채 말이에요. 이것은 피타고라스 시대에 증명을 통해 새롭게 태어나게 되었고 그래서, 피타고라스의 이름을 붙여 피타고라스정리라고 부르게 되었답니다. 그 후 많은 수학자는 수학적 증명이 반드시 필요한 과정이라고 생각하기 시작했지요.

앞에서 말했듯이 증명이란 '왜 그렇지? 정말일까? 다른 것에서도 모두 같은 결과가 나올까?' 등등의 질문에 논리적으로 답을 해내는 과정이라고 했습니다. 여러분에게는 아직 익숙하지 않겠지만 이제부터는 수학자들처럼 여러 가지 기호와 정리들을 이용해서 논리적으로 증명하는 연습이 필요하답니다.

자! 그럼 우리도 증명이라는 것을 한번 해 볼까요.

〈증명하려고 하는 것〉

A를 B로 나눈 나머지가 C일 때, A와 B의 최대공약수와 B와 C의 최대공약수가 정말 같을까?

〈증명하기〉

A와 B의 최대공약수를 G라고 하면 $A=a\times G$, $B=b\times G$이겠지요. 이때, a, b는 서로소❷인 정수랍니다.

메모장

❷ 서로소 최대공약수가 1인 두 수를 서로소라고 한다.

그럼 A를 B로 나누었을 때 몫을 P, 나머지를 C라고 하면, $A=B\times P+C$라고 쓸 수 있겠지요. 이 식을 (★)라고 할게요.

$A = B \times P + C$ .... (★)

여기까지는 이해를 했나요?

"네, 그건 알고 있어요. 45를 12로 나누면 몫이 3이고 나머지가 9이므로 $45 = 12 \times 3 + 9$라고 쓰는 것과 같은 거잖아요."

맞아요. 잘 알고 있군요. 그럼 이제 식을 약간 바꾸어 놓도록 하겠습니다. 앞에서 $A = a \times G$, $B = b \times G$라고 했으니까 (★)식에서 A와 B 대신에 $a \times G$와 $b \times G$로 바꾸어 놓도록 합시다. 그리고 이 식을 (☆)라고 할게요.

$A = B \times P + C$ .... (★)

$\underline{a \times G} = \underline{b \times G} \times P + C$ .... (☆)

이제 (☆)식을 C에 대해서 풀어 주면 $C = a \times G - b \times G \times P$가 됩니다. 그런데 여기서 $a \times G$와 $b \times G \times P$에 G가 똑같이 들어 있으므로 $C = (a - b \times P)G$라고 쓸 수 있답니다. 이 과정은 좀 어렵지요.

결국 $B = b \times G$이고 $C = (a - b \times P)G$이므로 B와 C의 최대공약수도 G가 되는 것이지요.

그래서 증명이 끝났습니다.

처음에 G는 A와 B의 최대공약수라고 했던 거 기억나지요?

따라서 A를 B로 나눈 나머지가 C일 때, (A와 B의 최대공약수)=(B와 C의 최대공약수)가 된다고 말할 수 있는 것이랍니다. 어때요, 증명을 하고 나니까 좀 뿌듯해지지 않나요? 이렇게 증명을 하고 나면 누군가 여러분에게 '왜 그런데?' 라고 물어도 자신 있게 대답해 줄 수 있게 되는 것이에요. 그래서 피타고라스는 자신이 어떤 정리를 증명하고 나서 너무 기쁜 나머지 신에게 소를 100마리나 바쳤다고 합니다. 여러분도 그런 기쁨을 가질 수 있기를 바랄게요.

유클리드 호제법은 다음과 같이 표를 이용해서 구할 수도 있답니다.

	75764	18073	
18073×4	72292	17360	3472×5
75764를 18073으로 나눈나머지	3472	713	18073을 3472으로 나눈나머지
713×4	2852	620	620×5
3472를 713으로 나눈나머지	620	93	712을 620으로 나눈나머지
93×6	558	62	62×1
620을 93으로 나눈나머지	62	31	93을 62으로 나눈나머지
31×2	62		
62를 31으로 나눈나머지	0		

그럼 조금만 더 연습해 볼까요? 다음 수들의 최대공약수를

유클리드 호제법을 이용하여 구해 보세요.

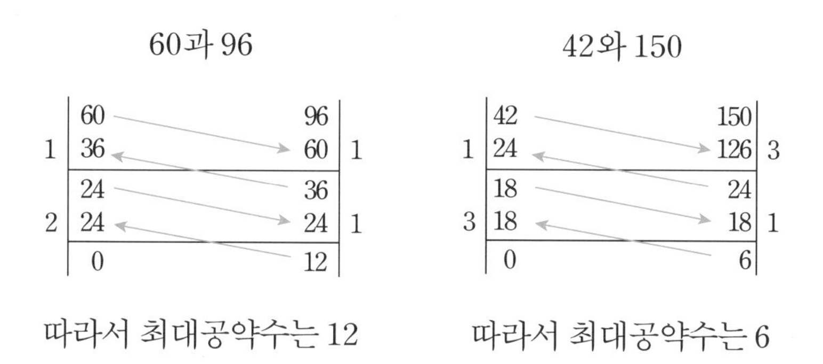

최대공약수에 대하여 배운 김에 최대공약수의 성질에 대해 조금만 더 알아볼까요?

수학에서 기호는 모든 것을 간단하게 만드는 마술과도 같은 것이랍니다. 만약 수학에서 기호가 없었다면 우리가 지금 사용하고 있는 수학책은 백과사전보다 더 두꺼워져 있을 겁니다. 예를 들어 '3더하기 4는 7입니다.'라는 식은 '3+4=7'이라고 나타내는 것처럼 말이에요.

최대공약수도 기호로 나타낼 수 있습니다. 두 수 A와 B의 최대공약수는 간단하게 (A, B)로 나타냅니다.

따라서 '24와 42의 최대공약수를 구하여라.'라는 문제는 (24,

42)라고 하면 되는 것이지요. 정말 간단하지요.

따라서 (24, 42)=6

그럼 (A, B)=1은 어떤 뜻일까요?

"A와 B의 최대공약수가 1입니다."

그래요. 두 수의 최대공약수가 1이라는 것은 두 수의 공약수가 1밖에 없다는 것이지요. 이런 경우 두 수 A와 B는 서로소라고 말합니다. 서로소라고 하니까 혹시 음매~ 하고 우는 '소'를 생각하는 사람은 없겠지요. 여기서 '서로소'란 공통인 약수가 1밖에 없다는 뜻을 받아들이면 됩니다.

8과 9의 최대공약수는 1입니다. 따라서 8과 9는 서로소랍니다. 또 어떤 수들이 서로소일까요?

"3과 4."

"21과 50."

"40과 49."

참! 또 한 가지! 최대공약수는 영어로 Greatest common divisor 라고 합니다. 그래서 간단히 GCD 또는 G라고 나타내지요. 그리고 최소공배수[3]는 Least common multiple이므로 간단히 LCM 또는 L이라고도 합니다.

> 메모장
> [3] 최소공배수 두 수 이상의 수의 공배수 중에서 가장 작은 수

최대공약수와 최소공배수에 대한 특별한 성질이 있는데 두 수를 곱한 수는 두 수의 최대공약수와 최소공배수의 곱과 같아집니다. 즉 두 수 A와 B의 최대공약수를 G, 최소공배수를 L이라고 하면 $A \times B = G \times L$이 된다는 것이지요.

45와 60의 최대공약수는 15이고 최소공배수는 180입니다.

$45 \times 60 = 15 \times 180 = 2700$

그렇다면 굳이 두 개를 다 구할 필요 없이 최대공약수나 최소공배수 중에서 한 개만 알고 있으면 나머지 한 개는 저절로 구할 수가 있겠지요. 예를 들어, 24와 42의 최대공약수가 6입니다. 그럼 최소공배수는 $L = \frac{A \times B}{G}$이므로 $\frac{24 \times 42}{6} = 168$이 된다는 말씀.

수업 정리

❶ 두 수의 공통인 약수를 쉽게 구할 수 없는 경우 두 수의 최대공약수를 구하는 방법으로 유클리드 호제법이 있습니다. 유클리드 호제법은《원론》이라는 책에 기록되어 있는 것으로 A를 B로 나눈 나머지가 C일 때, (A와 B의 최대공약수)=(B와 C의 최대공약수)라는 사실을 이용하여 처음에 구하려고 했던 숫자의 크기를 점점 줄여 간단하게 만든 다음 최대공약수를 구하는 방법입니다.

❷ 18073과 75764의 최대공약수를 유클리드 호제법을 이용하여 구하면 다음과 같습니다.

문제) 18073과 75764의 최대공약수를 구하여라.

$75764 = 18073 \times 4 + 3472$

75764를 18073으로 나누면 나머지가 3472

$18073 = 3472 \times 5 + 713$

18073를 나머지 3472로 나누면 나머지가 713

$3472 = 713 \times 4 + 620$

3472를 713으로 나누면 나머지가 620

713=620×1+93

713을 620으로 나누면 나머지가 93

620=93×6+62

620을 93으로 나누면 나머지가 62

93=62×1+31

93을 62로 나누면 나머지가 31

62=31×2+0

이제 다 되어 간다. 62를 31로 나누면 나머지가 0

다 끝났다!

결국 18073과 75764의 최대공약수는 62와 31의 최대공약수와 같아진다는 말씀!

따라서 두 수의 최대공약수는 31입니다.

❸ 증명이란 '왜 그렇지? 정말일까? 다른 것에서도 모두 같은 결과가 나올까?' 등등의 질문에 논리적으로 답을 해내는 과정으로 처음으로 어떤 사실에 대해 증명을 시도했던 사람은 고대

그리스의 수학자 피타고라스입니다.

❹ 21과 50, 8과 9 등은 최대공약수가 1입니다. 이와 같이 최대공약수가 1인 두 수를 서로소라고 합니다.

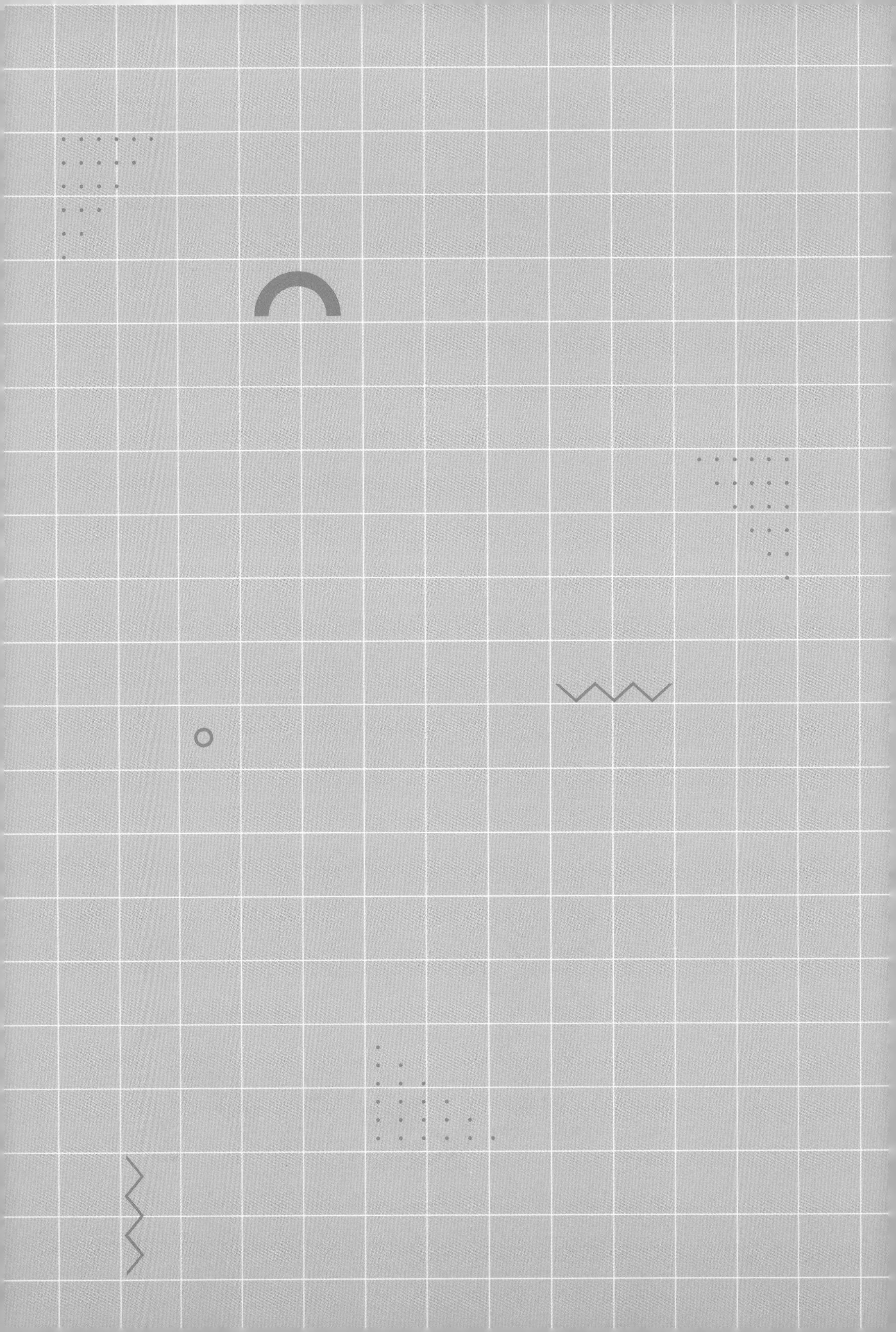

2교시

소인수분해는 한 가지 방법밖에 없답니다

1은 소수일까요?

수업 목표

1. 1은 소수가 아님을 알 수 있습니다.
2. 어떤 자연수를 소인수분해하는 방법은 한 가지밖에 없음을 알 수 있습니다.

미리 알면 좋아요

1. 소수는 1과 자기 자신 이외의 다른 수를 약수로 갖지 않는 수를 말합니다. 다시 말해서 약수의 개수가 2개인 자연수입니다. 1은 약수의 개수가 1개이므로 소수가 될 수 없습니다.

2. 어떤 자연수를 소수의 곱으로 나타내는 것을 소인수분해라고 합니다. 이때 사용된 소수를 소인수라고 하지요. 소인수분해는 어떤 자연수를 나눌 수 있는 제일 작은 소수부터 차례로 나누는 방법으로 구할 수 있습니다. 예를 들어, 60을 소인수분해하면 다음과 같은 방법으로 구할 수 있습니다.

$$\begin{array}{r|l} 2 & 60 \\ \hline 2 & 30 \\ \hline 3 & 15 \\ \hline & 5 \end{array}$$

$$60=2\times2\times3\times5$$

페르마의 두 번째 수업

"1은 소수가 아니야."

"말도 안 돼. 1도 소수야."

"선생님이 소수는 약수의 개수가 2개인 수라고 했기 때문에 1은 소수가 될 수 없어. 약수가 1 하나밖에 없잖아."

"아니야, 소수[4]는 1과 자기 자신 이외의 어떤 수로도 나누어지지 않으면 된다고 했어. 1은 1 이외의 다른 수로는 절대로 나누어지지 않잖아. 그러니까 1도 소수지."

메모장

[4] 소수 1보다 큰 자연수 중에서 약수가 1뿐인 수

페르마가 막 수업을 끝내려고 하는데 척이가 친구와 큰 소리로 말다툼을 하고 있었습니다. 상대는 평소에 말이 적고 긴 생머리를 뒤로 빗어 노란색 리본으로 단정하게 묶은 여자아이였는데 무슨 일인지 꽤나 심각한 표정이었습니다. 그 아이는 페르마가 다가오자 도움을 청하듯이 물었습니다.

"선생님, 1은 소수가 아니지요? 척이는 항상 자기 생각만 옳다고 해요. 1이 소수라고 자꾸 우기면서 다른 아이들 앞에서 제가 아무것도 모른다고 창피를 주었어요."

"선생님, 1도 소수이지요?"

척이가 뒤질세라 소리쳤습니다.

페르마는 아이들을 자리에 앉힌 후 이야기를 시작했습니다.

소수는 2, 3, 5, 7, 11, 13, 17, 19, 23, 29, 31, ……과 같은 자연수를 일컫는 말입니다. 이 수들의 공통된 특징은 모두 약수의 개수가 2개라는 것이지요.

척이 말처럼 소수란 1과 자기 자신 이외의 다른 수로는 나누어지지 않는 수입니다. 그렇다면 1은 1과 자기 자신 이외의 어떤 수로도 나누어지지 않으므로 소수라고 해야 맞는 말이겠지요. 하지만 1은 소수가 아니랍니다.

페르마가 1이 소수가 아니라고 말하자 1이 소수가 아니라고 주장했던 여학생은 그것 보라며 척이를 바라보며 입을 삐죽 내밀었습니다.

척이는 괜히 미안한 듯 머리를 긁적이며 말했습니다.

"1은 왜 소수가 될 수 없나요?"

소수에 대한 연구는 아주 오래전부터 많은 수학자의 관심의 대상이 되었습니다. 그것은 아마도 소수가 갖는 특별한 성질 때문일 겁니다.

여러분이 알고 있는 모든 자연수는 소수의 곱으로 나타낼 수 있습니다1은 제외하고. 다시 말하면 소수만 있다면 모든 자연수를 만들 수 있지요. 그래서 소수는 수를 만드는 가장 기본이 되는 수라고 한답니다. 북한에서 소수를 씨수라고 부르는 것도 비슷한 이유 때문이지요. 결국 소수의 성질을 연구하면 모든 자연수의 성질을 알게 됩니다. 그래서 소수에 대한 연구는 지금까지도 끊임없이 계속되고 있는 거예요.

자, 그렇다면 이제 어떤 자연수를 소수의 곱으로 나타내어 볼까요?

450은 어떤 소수들의 곱으로 되어 있을까요?

또 12300은 어떤 소수들의 곱으로 이루어져 있을까요?

메모장

❺ 소인수분해 어떤 자연수를 소수의 곱으로 나타내는 방법

자연수를 소수의 곱으로 나타내는 것을 소인수분해[5]라고 했습니다. 1권에서 소인수분해는 어

떻게 하는지에 대해서도 배웠기 때문에 다시 설명하진 않을게요.

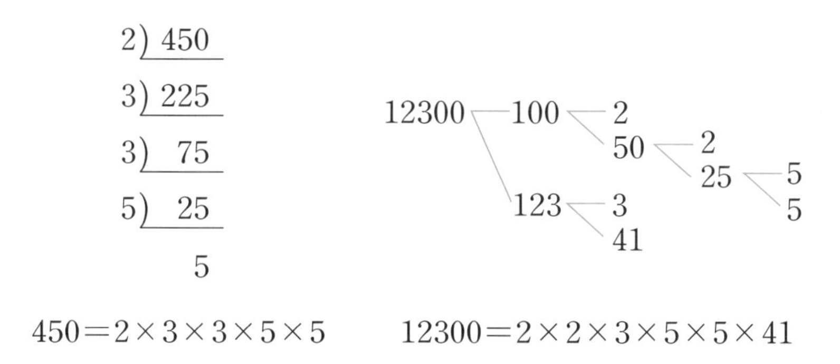

1이 소수인지 아닌지 이야기하다가 갑자기 소인수분해라는 말을 해서 이상하게 생각했지요? 1을 소수라고 할 수 없는 이유가 바로 소인수분해 때문이랍니다.

예를 들어, 450을 소수의 곱으로 나타내면 $450=2\times3\times3\times5\times5=2^1\times3^2\times5^2$입니다. 여기서 곱하는 순서는 상관이 없으므로 450을 소인수분해하는 방법은 한 가지만 생깁니다. 이것을 소인수분해의 일의성이라고 합니다. 소인수분해의 일의성은 정수론의 가장 기본이 되는 정리로 유클리드가 지은《원론》의 제9장에 나오는 것이랍니다. '소인수분해의 일의성'이 1을 소수로 받아들일 수 없게 만든 것이지요.

450을 소수의
곱으로 나타내면
$450=2\times3\times3\times5\times5$
$=2^1\times3^2\times5^2$입니다.

$450=2\times3\times3$
$\times5\times5$
$=2^1\times3^2\times5^2$

$450=1\times2\times3\times3\times5\times5$
$=1^1\times2^1\times3^2\times5^2$,
$450=1\times1\times2\times3\times3\times5\times5$
$=1^2\times2^1\times3^2\times5^2$,
$450=1\times1\times1\times2\times3\times3\times5\times5$
$=1^3\times2^1\times3^2\times5^2$,
$450=1\times1\times1\times1\times2\times3\times3\times5\times5$
$=1^4\times2^1\times3^2\times5^2$,

이처럼 아주 많이
생긴답니다.

그래서 1을 소수에서
제외시킨 것입니다.

어떤 수에 1을 곱해 보세요. '곱하나 마나'겠지요. 그렇다면 1을 10번쯤 곱해 보세요. 역시 '곱하나 마나'랍니다.

$3\times1=3$, $12\times1=12$, $27\times1=27$

$1\times1=1^2$, $1\times1\times1=1^3$, $1\times1\times1\times1=1^4=1$

그런데 1을 소수라고 한다면 어떻게 될까요?

450의 소인수분해를 이렇게 할 수도 있겠지요.

$450=1\times2\times3\times3\times5\times5=1^1\times2^1\times3^2\times5^2$,

$450=1\times1\times2\times3\times3\times5\times5=1^2\times2^1\times3^2\times5^2$,

$450=1\times1\times1\times2\times3\times3\times5\times5=1^3\times2^1\times3^2\times5^2$,

$450=1\times1\times1\times1\times2\times3\times3\times5\times5=1^4\times2^1\times3^2\times5^2$,

……

결국 450을 소인수분해하는 방법이 무지무지 많이 생긴답니다. 이렇게 되면 '소인수분해를 하는 방법은 오직 한 가지뿐이다'라는 정리가 틀린 결론이 되는 것이지요. 그래서 아쉽지만 1을 소수에서 제외시켰습니다. 이 정도면 척이도 이해해 줄 수 있겠지요.

페르마의 설명을 들은 척이는 좀 전에 싸웠던 친구에게 다가가 미안하다는 사과의 뜻으로 손을 내밀었습니다.

수업 정리

❶ 소수는 1과 자기 자신만을 약수로 갖는 수로 2, 3, 5, 7, 11, 13, 17, 19, 23, 29, 31, …… 등이 있습니다. 그러나 1은 소수가 아닙니다.

❷ 어떤 자연수의 소인수분해는 한 가지 방법밖에 없습니다. 이것을 '소인수분해의 일의성'이라고 합니다. 만약 1이 소수라면 다음과 같이 어떤 자연수를 소인수분해를 하는 방법이 한 가지 이상이 됩니다.

$450=1\times2\times3\times3\times5\times5=1^1\times2^1\times3^2\times5^2$,

$450=1\times1\times2\times3\times3\times5\times5=1^2\times2^1\times3^2\times5^2$,

$450=1\times1\times1\times2\times3\times3\times5\times5=1^3\times2^1\times3^2\times5^2$,

$450=1\times1\times1\times1\times2\times3\times3\times5\times5=1^4\times2^1\times3^2\times5^2$,

……

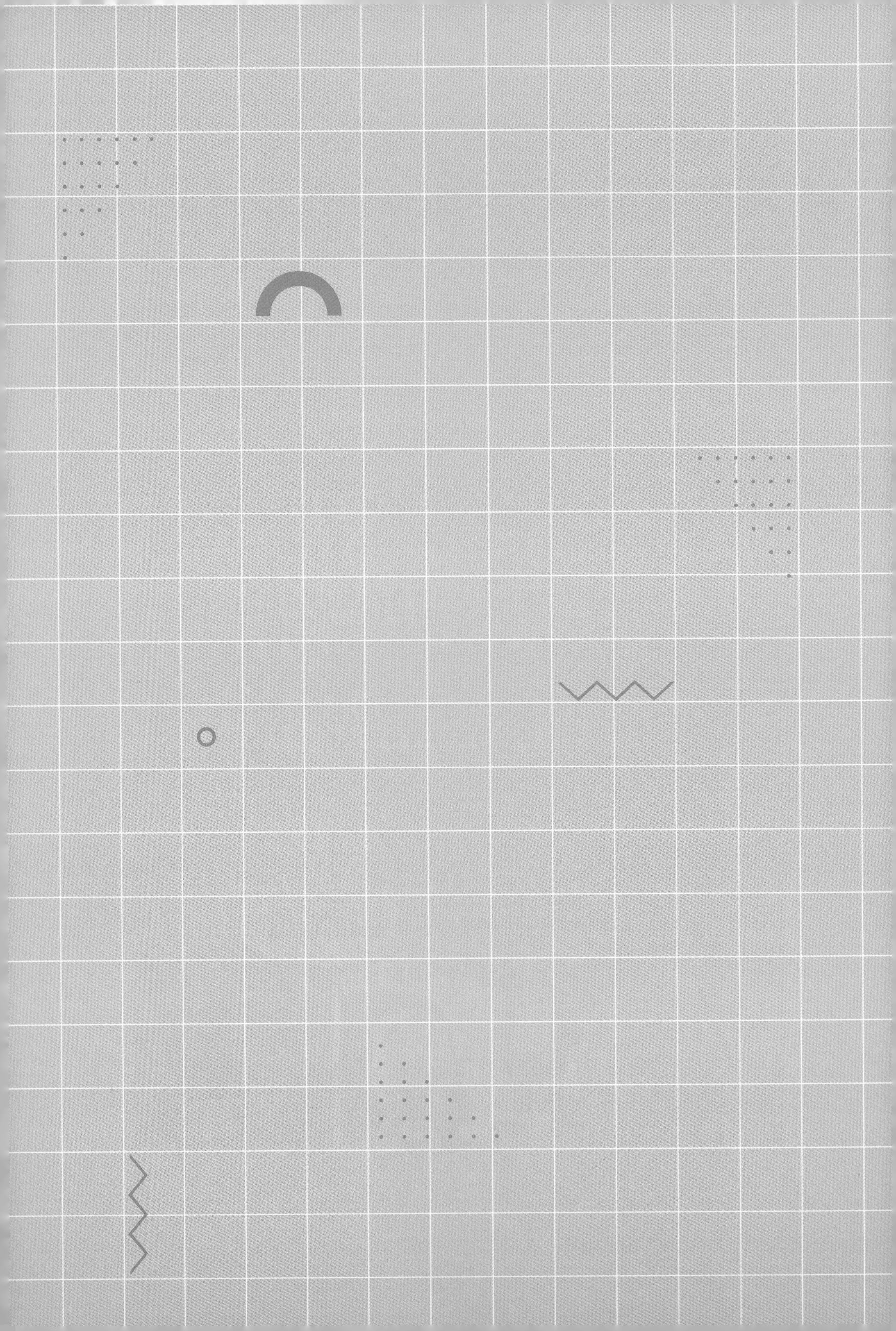

3교시

소수의 개수는 무한히 많아요

메르센 소수는 파리의 수도사로 일하면서
소수 찾는 일에 커다란 관심을 가지고 있었던
메르센에 의해 발견되었습니다.

수업 목표

1. 현재까지 알려진 가장 큰 소수가 무엇인지 알 수 있습니다.
2. 소수가 무한함을 귀류법에 의해 증명할 수 있습니다.

미리 알면 좋아요

1. 프랑스의 수도사였던 메르센은 $2^2-1=3$, $2^3-1=7$처럼 '2^n-1' 형태의 많은 수가 소수가 됨을 발견했는데, 그 이후 사람들은 '2^n-1 여기서 n은 소수' 형태의 수를 '메르센 수'라고 불렀으며 메르센 수 중에서 소수가 되는 수를 '메르센 소수'라고 부르게 되었습니다 .

2. **귀류법**이란 간접 증명을 하는 방법 중 하나로서 어떤 명제가 참임을 증명하고자 할 때 그 명제가 틀렸다고 가정하고 문제를 풀어 잘못된 결론이 나오게 하는 방법입니다.

페르마의 세 번째 수업

소수 중에서 가장 작은 소수는 2입니다. 그렇다면 제일 큰 소수는 무엇일까요?

현재까지 찾은 소수 중에서 가장 큰 소수는 2024년 10월 전 엔비디아 직원인 루크 듀랜트가 찾아낸 52번째 메르센 소수인 $2^{136279841}-1$이랍니다. 이 수는 자그마치 4102만 4320자리나 되는 엄청난 크기의 숫자입니다. 이 수를 적는 데만 해도 33주 정도의 시간이 걸리고 다 써놓은 숫자의 길이를 재면 125km 정도나 된다고 하니까 그 크기를 짐작할 수 있겠지요.

"메르센 소수가 뭐예요? 들어 본 적이 있는 것 같은데……."

한 학생이 고개를 갸웃거리며 물었습니다.

이런, 지난번에 메르센 소수에 대해 설명해 주었는데 잊어버렸나 보군요. 누가 메르센 소수에 대해서 설명해 주지 않겠어요?

"파리의 수도사로 일하면서 소수 찾는 일에 커다란 관심을 가지고 있었던 메르센은 어느 날 n이 소수일 때 2^n-1의 모양을 갖는 수 중에 소수가 있다는 것을 알아냈습니다. 그래서 이런 모양을 갖는 소수를 메르센 소수라고 이름을 붙였답니다."

척이가 마치 페르마의 흉내라도 내듯이 느릿한 말투로 대답했습니다. 아이들은 서로의 얼굴을 쳐다보며 키득거렸습니다.

척이가 아주 정확하게 잘 알고 있는 것 같네요. 그런데 내가 평소에 그런 식으로 말을 하는가 보군요.

CMSU회원들이 찾아낸 44번째 소수는 아쉽게도 1000만 자리 이상의 소수가 아니었기 때문에 상금을 받을 수 없었습니다. 2005년에 발견된 43번째 소수도 이 단체에서 발견한 것이에요. 그런데 44번째 소수를 1년이 채 되지 않아 연이어서 찾아냈다는 것만으로도 그들의 기쁨은 말할 수 없이 컸답니다.

"1000만 자리 이상의 소수를 발견하면 상금을 주나요? 얼마나 주는데요?"

아이들은 상금을 받는다고 하니까 약간의 호기심이 발동하나 봅니다.

그래요. 2008년 8월 23일 미국의 한 대학 연구원인 한스와 마이클이 1297만 자리의 소수를 발견하여 상금을 받았답니다. 하지만 개인 컴퓨터로는 이것을 찾는 일은 거의 불가능해요.

1996년 컴퓨터를 이용하여 소수를 찾고 있었던 조지 월트먼 George Woltman은 자신의 컴퓨터만으로는 엄청나게 큰 소수를 계산하는 것이 쉽지가 않다는 것을 깨달았습니다. 아무리 용량을 늘려도 복잡한 식을 계산하는 데에는 아주 오랜 시간이 걸렸거든요. 어느 날 그는 세계의 모든 컴퓨터를 하나로 연결하여 초대형 슈퍼컴퓨터를 만들어야겠다는 꿈을 가지게 되었습니다. 그래서 PC를 가지고 있는 사람들이 자발적으로 참여

해 대형 소수를 찾는 김프스GIMPS, Great Internet Mersenne Prime Search라는 단체를 만들게 된 것이지요.

GIMPS는 인터넷을 이용하여 가장 큰 메르센 소수를 찾는 연구 집단으로 전 세계에 흩어져 있는 회원들이 공동으로 소수

를 찾는 단체입니다. 회원들은 GIMPS에서 제공한 프로그램으로 자신의 컴퓨터를 인터넷으로 연결하여 가상의 초대형 슈퍼컴퓨터를 만듭니다. 이렇게 만들어진 슈퍼컴퓨터는 엄청난 속도로 소수를 계산해 낼 수 있게 되는 것이지요.

아마도 지금쯤 53번째 소수를 찾기 위해 GIMPS의 회원들의 컴퓨터는 쉬지 않고 돌아가고 있을 겁니다.

아래 표는 지금까지 발견된 소수들을 정리해 놓은 것이에요.

소수	자릿수	누가 발견했을까?	언제
$2^{136279841}-1$	41024320	Durant, GIMPS, Gpuowl	2024.10.12
$2^{82589933}-1$	24862048	Laroche, GIMPS, Prime95	2018.12.7
$2^{77232917}-1$	23249425	Pace, GIMPS, Prime95	2017.12.26
$2^{74207281}-1$	22338618	Cooper, GIMPS, Prime95	2015.9.17
$2^{57885161}-1$	17425170	Cooper, GIMPS, Prime95	2013.1.25
$2^{43112609}-1$	12978189	Smith, GIMPS, Prime95	2008.8.23
$2^{42643801}-1$	12837064	Strindmo, GIMPS, Prime95	2009.4.12
$2^{32582657}-1$	11185272	Hans-Michael Elvenich. GIMPS, Prime95	2008.9.6
$2^{2582657}-1$	9808358	Cooper, Boone, GIMPS, Prime95	2006.9.4

$2^{30402457}-1$	9152052	Cooper, Boone, GIMPS, Prime95	2005.10.15
$2^{25964951}-1$	7816230	Nowak, GIMPS, Prime95	2005.2.18
$2^{24036583}-1$	7235733	Findley, GIMPS, Prime95	2004.6.8
$2^{20996011}-1$	6320430	Shafer, GIMPS, Prime95	2003.10.2
$2^{13466971}-1$	4053946	Cameron, Woltman, Kurowski, GIMPS	2001.11.14
$27635*2^{9167433}-1$	2759677	Clarkson, Woltman, Kurowski &GIMPS	2005

"선생님, 세상에서 제일 큰 소수는 있는 건가요? 도대체 언제까지 소수를 찾아야 되는 건가요?"

여러분의 말처럼 세상에서 제일 큰 소수가 과연 있을까요?

그리고 자연수 중에서 소수는 도대체 몇 개나 될까요?

이런 물음은 여러분뿐만이 아니라 아주 오래전부터 있었답니다.

1부터 1000까지의 소수를 나열하면 다음과 같습니다.

2	3	5	7	11	13	17	19	23	29
31	37	41	43	47	53	59	61	67	71
73	79	83	89	97	101	103	107	109	113
127	131	137	139	149	151	157	163	167	173
179	181	191	193	197	199	211	223	227	229
233	239	241	251	257	263	269	271	277	281
283	293	307	311	313	317	331	337	347	349

353	359	367	373	379	383	389	397	401	409
419	421	431	433	439	443	449	457	461	463
467	479	487	491	499	503	509	521	523	541
547	557	563	569	571	577	587	593	599	601
607	613	617	619	631	641	643	647	653	659
661	673	677	683	691	701	709	719	727	733
739	743	751	757	761	769	773	787	797	809
811	821	823	827	829	839	853	857	859	863
877	881	883	887	907	911	919	929	937	941
947	953	967	971	977	983	991	997		

1부터 100까지의 소수는 모두 25개,

100부터 200까지의 소수는 21개,

200부터 300까지의 소수는 16개,

300부터 400까지의 소수는 16개,

400부터 500까지의 소수는 17개,

500부터 600까지의 소수는 14개,

600부터 700까지의 소수는 16개,

700부터 800까지의 소수는 14개,

800부터 900까지의 소수는 15개,

900부터 1000까지의 소수는 14개.

옛날 사람들은 소수가 특별한 규칙을 가지고 나타나는 것도 아니고 숫자가 커질수록 어떤 구간에 나타나는 소수의 개수가 점점 줄어들기 때문에 이러다가 어느 때에 가서는 소수가 아예 없어져 버리는 것은 아닌가 하는 생각을 하기도 했답니다. 그래서 혹시 소수는 유한개가 아닐까 하는 추측도 생겨나게 되었습니다.

그런데 유클리드가 그런 사람들의 의문을 한 번에 해결했습니다. 바로 소수는 무한히 많다는 것을 증명해 버린 것이지요.

유클리드가 이것을 증명하기 위해 선택한 방법은 귀류법이랍니다. 귀류법이란

"앞에 길이 없으면 돌아가라."

는 말처럼 간접적으로 증명하는 방법인데 예를 들면 다음과 같습니다.

척이가 "밥을 많이 먹을수록 뚱뚱해진다."라고 말했다고 합시다.

척이의 말이 참인지 증명하기 위해 귀류법을 사용한다면 우선 이 말이 틀렸다고 가정하는 겁니다. "밥을 많이 먹어도 뚱뚱해지지 않는다."라고 말이에요. 그런 다음 이 말을 가지고 여러 가지 조사를 합니다. 그런데 자꾸 잘못된 결론이 나옵니다.

왜 이런 결론이 나올까요. 그건 처음에 척이가 했던 말을 부정했기 때문에 생긴 것이지요. 따라서 척이 말이 옳다고 결론

을 내리게 되는 것이랍니다.

조금 억지 같지만 아무튼 이런 식으로 증명하는 방법을 귀류법이라고 하지요.

그럼 유클리드가 어떻게 소수가 무한히 많다는 것을 귀류법으로 증명했는지 알아볼까요?

〈증명하고 싶은 명제〉 : 소수는 무한히 많다.

〈귀류법으로 증명 시작〉 : 소수는 유한하다. 다시 말하면 가장 큰 소수가 있다.

그렇다면 가장 큰 소수를 P라고 하자.

그리고 2부터 P까지 모든 소수를 곱한 뒤 1을 더한 수를 Q라고 하자. $Q=(2\times 3\times 4\times \cdots \times P)+1$

이때 Q는 어떤 수일까?

이 수는 2와 P사이에 있는 어떤 소수로도 나누어떨어지지 않는 수이다. 항상 나머지 1이 생기기 때문.

따라서 Q는 1과 자기 자신 이외의 어떤 수로도 나누어떨어지지 않으므로 소수이거나 소수가 아니라면 2부터 P 사이에 있는 수가 아닌 더 큰 소수로 나누어진다.

어! 그렇다면 P보다 더 큰 소수가 있다는 말인데.

앞에서 P를 가장 큰 소수라고 했잖아.

뭔가 잘못되었네.

어디서부터 잘못되었을까?

그렇다. "소수는 유한하다."라고 말했기 때문에 잘못된 결론이 나온 것이다.

따라서 소수는 무한하다.

증명 끝!

이렇게 해서 소수가 무한히 많다는 것이 증명되었습니다. 따라서 지금까지 발견된 소수보다 더 큰 수가 있다는 말이겠지요. 소수를 찾는 것이 힘든 이유는 소수에 대한 특별한 규칙이 없기 때문이지도 모르겠습니다.

소수가 무한히 많다는 것을 알면서도 더 큰 소수를 찾기 위한 수학자들의 노력은 지금도 계속되고 있답니다. 이것이 바로 수학을 발전시키고 있는 원동력이 되고 있다는 것을 잊지 마세요.

수업정리

❶ 소수 중에서 가장 작은 소수는 2입니다. 그리고 현재까지 찾은 소수 중에서 가장 큰 소수는 2024년 10월 전 엔비디아 직원인 루크 듀랜트가 찾아낸 52번째 메르센 소수인 $2^{136279841}-1$이랍니다. 이 수는 자그마치 4102만 4320자리나 되는 엄청난 크기의 숫자입니다.

❷ 메르센 소수란 파리의 수도사로 일하면서 소수 찾는 일에 커다란 관심을 가지고 있었던 메르센에 의해 발견된 것으로 n이 소수일 때 2^n-1의 모양을 갖는 소수를 메르센 소수라고 부릅니다.

❸ 귀류법에 의해 소수의 개수가 무한히 많다는 것이 증명되었습니다. 귀류법이란 증명하는 방법 중 한 가지로 간접증명법에 속합니다.

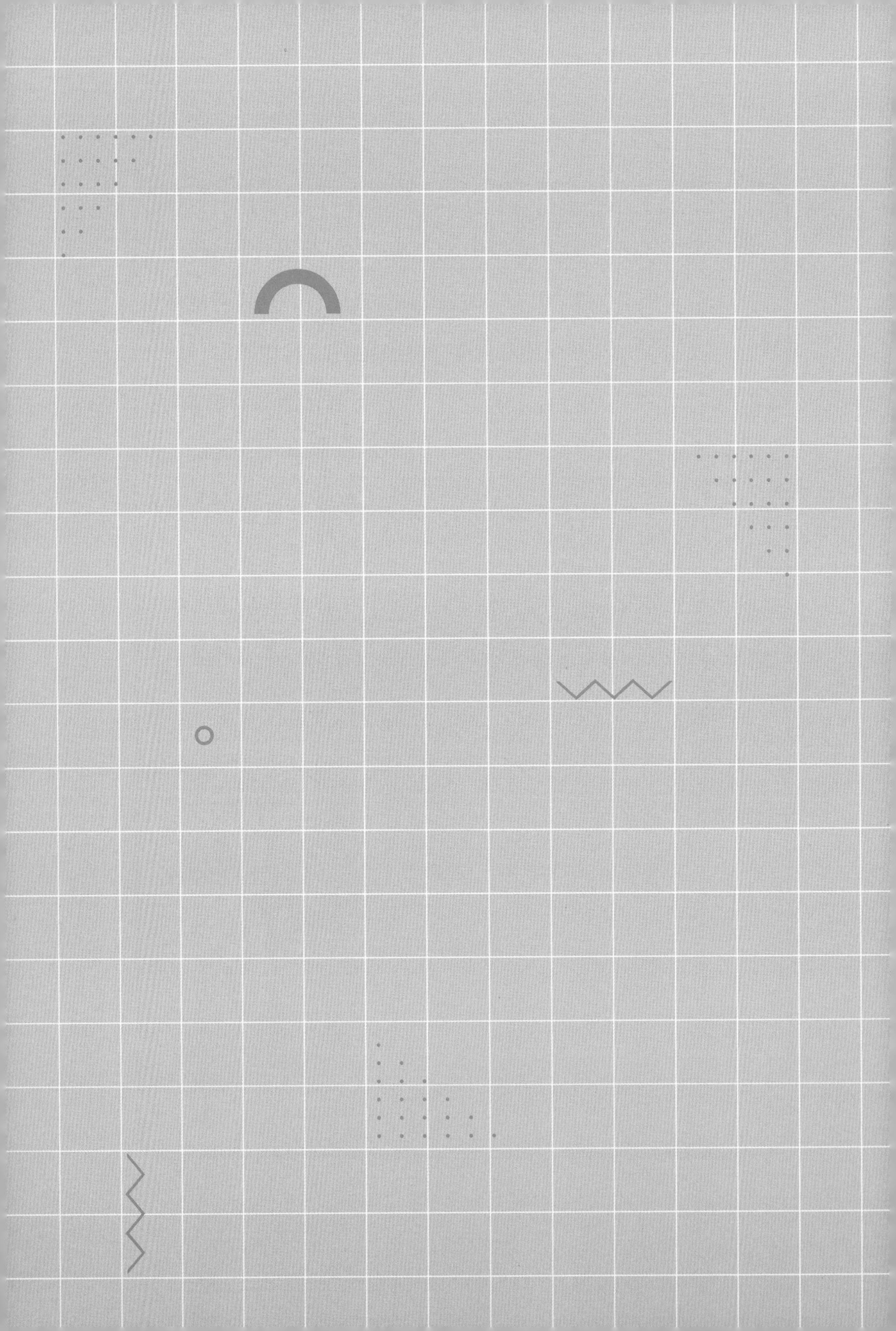

4교시

여러 가지 종류의 소수

소수에 관한 미해결 문제는 아직까지 많이 남아 있습니다. 그리고 그 문제를 풀 사람들은 바로 여러분이 될 수도 있답니다.

수업 목표

1. 쌍둥이 소수가 무엇인지 알 수 있습니다.
2. 골드바흐의 추측, 리만 가설 등 소수와 관련된 여러 가지 정리가 무엇인지 알 수 있습니다.

미리 알면 좋아요

1. **소수**란 약수의 개수가 2개인 수로서 가장 작은 소수는 2입니다.

2. 같은 수를 반복하여 곱하는 경우에는 거듭제곱의 형태로 씁니다. 예를 들어 2^6이면 2를 6번 곱한 수에 해당되는 것이지요.
따라서 2024년에 발견된 가장 큰 메르센 소수인 $2^{136279841}-1$은 2를 136279841번 곱한 수에서 1을 뺀 수입니다. 따라서 그 크기가 어느 정도 큰지 짐작할 수 있겠지요?

페르마의 네 번째 수업

이번 시간에는 특별한 이름이 붙어 있는 소수와 아직까지도 해결되지 않은 소수에 관한 몇 가지 정리들을 소개하려고 합니다.

1. 쌍둥이 소수

"특별한 이름이 붙어 있는 소수라면 쌍둥이 소수가 있어요."

척이의 잘난 척이 또 시작되려나 봅니다. 그래도 무엇이든지 열심히 하는 모습을 보면 기특해서 칭찬해 주고 싶은 마음이

든답니다.

맞아요. 쌍둥이 소수, 즉 Twin prime이라고 부르는 이 말은 1916년에 스태켈Stackël에 의해 처음으로 지어졌다고 해요. 우리는 보통 같은 날, 같은 시간에 태어난 사람들을 쌍둥이라고 말합니다. 하지만 수학에서 쌍둥이 소수란 두 소수의 차이가 2인 소수를 말하는 것이에요. 3과 5처럼요.

"전에 선생님이 말씀해 주신 것이 기억나요. 5와 7도 두 수의 차이가 2예요."

척이가 신이 나서 대답을 했습니다.

또 다른 쌍둥이 소수에는 어떤 것이 있을까요?

"17과 19도 쌍둥이 소수예요."

"101과 103도 쌍둥이 소수예요."

다른 아이들도 척이에게 뒤질세라 너도나도 손을 들고 대답을 했습니다.

모두 잘 알고 있는 것 같네요. 그런데 이런 쌍둥이 소수에 특별한 규칙이 있다는 사실도 알고 있나요?

“특별한 규칙이라고요?”

첫 번째 쌍둥이 소수인 (3, 5)를 제외하고는 나머지 쌍둥이 소수는 모두 $(6k-1, 6k+1)$의 모양을 하고 있답니다. 쉽게 말하면 6으로 나누었을 때 앞의 수는 1이 모자라고 뒤의 수는 1이 남는다는 것이지요.

“어, 정말요?”

믿지 못하는 것 같으니까 바로 확인 들어갑니다.

쌍둥이 소수 101과 103을 예로 들어 볼까요. 101은 6으로 나누면 몫이 16, 나머지가 5이므로 1이 모자라지요. 그리고 103은 6으로 나누면 몫이 17, 나머지가 1이므로 1이 남게 됩니다.

그렇다면 1~3000까지 쌍둥이 소수를 찾는다면 과연 몇 개나 나올까요.

(3,5), (5,7), (11,13), (17,19), (29,31), (41,43), (59,61), (71,73), (101,103), (107,109), (137,139), (149,151), (191,193), (197,199), (227,229), (239,241), (269,271), (281,283), (311,313), (347,349), (431,433), (461,463), (521,523), (569,571), (599,601), (617,619), (641,643), (659,661), (809,811), (827,829), (857,859), (881,883), (1031,1033), (1049,1051), (1061,1063), (1091,1093), (1151,1153),

(1229, 1231), (1289, 1291), (1301, 1303), (1319, 1321), (1427, 1429), (1451, 1453), (1481, 1483), (1607, 1609), (1667, 1669), (1697, 1699), (1721, 1723), (1787, 1789), (1871, 1873), (1877, 1879), (1931, 1933), (1949, 1951), (1997, 1999), (2081, 2083), (2087, 2089), (2111, 2113), (2129, 2131), (2141, 2143), (2237, 2239), (2267, 2269), (2309, 2311), (2339, 2341), (2381, 2383), (2549, 2551), (2591, 2593), (2647, 2649), (2687, 2689), (2711, 2713), (2729, 2731), (2789, 2791), (2801, 2803), (2969, 2971)

3000까지의 수 중에서 쌍둥이 소수는 모두 73쌍이랍니다.

쌍둥이 소수의 개수는 소수의 개수보다 적고 자연수의 개수보다는 훨씬 더 적답니다. 사람들은 소수와 마찬가지로 쌍둥이 소수의 개수가 유한하여 셀 수 있을지 아니면 무한히 많을지에 대해 의문을 갖기 시작했습니다. 그리고 가장 큰 쌍둥이 소수를 찾으려고 하는 수학자들의 행렬도 늘어나기 시작했어요.

2016년 9월, 미국의 티머시 윈슬로는 $2996863034895 \cdot 2^{1290000} \pm 1$라는 현재까지 가장 큰 쌍둥이 소수를 발견하였답니다. 아래 표는 그동안 가장 큰 쌍둥이 소수를 찾았다고 기뻐했던 사람들이 찾은 쌍둥이 소수예요.

소수	자릿수	언제
$2996863034895 \cdot 2^{1290000} \pm 1$	388342	2016
$3756801695685 \cdot 2^{666669} \pm 1$	200700	2011
$65516468355 \cdot 2^{333333} \pm 1$	100355	2009
$2003663613 \cdot 2^{195000} \pm 1$	58711	2007
$194772106074315 \cdot 2^{171960} \pm 1$	51780	2007
$100314512544015 \cdot 2^{171960} \pm 1$	51780	2006
$16869987339975 \cdot 2^{171960} \pm 1$	51779	2005
$33218925 \cdot 2^{169690} \pm 1$	51090	2002
$307259241 \cdot 2^{115599} \pm 1$	34808	2009
$60194061 \cdot 2^{114689} \pm 1$	34533	2002
$108615 \cdot 2^{110342} \pm 1$	33222	2008
$318032361 \cdot 2^{107001} \pm 1$	32220	2001
$1807318575 \cdot 2^{98305} \pm 1$	29603	2001
$665551035 \cdot 2^{80025} \pm 1$	24099	2000
$781134345 \cdot 2^{66445} \pm 1$	20011	2001
$169365 \cdot 2^{66443} \pm 1$	20008	2000

http://primes.utm.edu/largest.html

만약 쌍둥이 소수도 무한히 많다면 가장 큰 쌍둥이 소수는 계속되어질 겁니다.

그리고 $2996863034895 \cdot 2^{1290000} \pm 1$보다 더 큰 쌍둥이 소수를 찾은 사람이 나타나겠지요. 만약 쌍둥이 소수가 유한하다면 언젠가 정말 가장 큰 쌍둥이 소수를 찾은 주인공이 나타날 수도 있을 것입니다.

그런데 기원전 300년경 쌍둥이 소수가 무한히 많다고 말한 사람이 나타났어요. 그 사람이 바로 유클리드랍니다. 사람들은 유클리드의 말이 옳다는 것을 알았어요. 하지만 이것을 증명한 사람은 아직도 나타나지 않았답니다.

쌍둥이 소수가 발견되면서 수학자들은 재미있는 소수에 관련된 재미있는 이름을 붙이기 시작했어요. 사촌 소수Cousin prime라는 수도 있는데 이것은 두 수의 차이가 4인 소수의 쌍을 말합니다.

(3, 7), (7, 11), (13, 17), (19, 23), (37, 41), (43, 47),
(67, 71), (79, 83), (97, 101), (103, 107), (109, 113),
(127, 131), (163, 167), (193, 197), (223, 227), (229, 233),
(277, 281), (307, 311), (313, 317), (349, 353), (379, 383),
(397, 401), (439, 443), (457, 461), (487, 491), (499, 503),
(613, 617), (643, 647), (673, 677), (739, 743), (757, 761),

(769, 773), (823, 827), (853, 857), (859, 863), (877, 881), (883, 887), (907, 911), (937, 941), (967, 971)

재미있는 이름이지요. 사촌이라는 말은 들어 보았을 거예요. 여러분은 고모나 이모의 자녀들과 서로 사촌이랍니다. 그것은 촌수가 4이기 때문이지요. 그래서 차이가 4인 두 소수를 사촌 소수라고 부릅니다.

그리고 섹시 소수라는 이름이 붙은 것도 있어요.

"섹시라고요."

"우아, 어떤 수이기에 그렇게 섹시한가요."

몇 명의 남자아이들이 섹시라는 말이 무척 웃겼나 봅니다. 자기들끼리 키득거리며 장난을 했어요.

(31, 37), (41, 47)과 같이 두 수의 차이가 6인 소수의 쌍을 섹시 소수, 섹시 프라임sexy prime이라고 합니다. sexy라는 말 때문에 웃는 것 같은데 이것은 영어로 six에 해당하는 라틴어 단어가 sex이기 때문에 붙여진 이름이니까 오해하지 말아요.

2. 골드바흐의 추측

어느 날 골드바흐는 소수를 연구하다가 재미있는 사실을 발견했습니다.

"어, 신기하네.

$4=2+2$

$6=3+3$

$8=3+5$

$10=5+5$

12＝5＋7

……

2보다 큰 짝수들이 모두 2개의 소수의 합으로 나타낼 수 있네."

"다른 짝수도 모두 그럴까?"

50＝19＋31

100＝53＋47

21000＝17＋20983

골드바흐는 수를 찾는 일이 점점 재미있어지기 시작했습니다. 자신이 처음 생각했던 것처럼 하면 할수록 신기하다는 생각이 들었습니다.

"선생님, 짝수들은 모두 2개의 소수의 합으로 나타낼 수 있나요?"

유독 얼굴이 하얗게 생긴 한 남학생이 물었습니다. 페르마와 함께 수업에 참가했던 학생 중에 가장 나이가 어린 것으로 기억되었습니다.

골드바흐도 그것이 궁금했답니다.

"모든 짝수가 다 그럴까?

며칠 밤낮을 그 문제로 골머리를 앓던 골드바흐는 그동안 친하게 지내던 수학자 오일러에게 편지를 보냈습니다.

친애하는 오일러 씨!

어느 날 제가 자연수의 성질에 대해 공부를 하던 중 아주 재미있는 성질을 발견했습니다. 제가 계산한 바로는 2보다 큰 모든 짝수는 2개의 소수의 합으로 나타낼 수 있었습니다. 그렇다면 이러한 성질이 모든 짝수에 대해서도 성립하는지 궁금합니다. 당신은 이 문제를 충분히 증명해 낼 수 있을 것이라고 생각합니다.

문제를 해결하게 되면 저에게 꼭 알려 주세요.

골드바흐로부터

이 편지를 받은 오일러는 참 재미있는 문제라고 생각했어요. 그리고 별로 어려운 문제는 아니라고 생각했어요. 오일러 하면 18세기의 가장 위대한 수학자 중의 한 사람으로 칭송받고 있는데 이 정도의 간단한 문제를 풀지 못한다는 것은 자존심이 좀 상하는 일이었겠지요. 그런데 불행하게도 오일러는 끝내 골드바호에게 답장을 하지 못했어요. 그는 수년 동안 온갖 방법을 다 동원했지만 골드바흐가 낸 문제를 증명할 수 없었던 것입니다.

하지만 250년이 지난 지금까지도 이 문제를 증명한 사람이 나타나지 않았으니 오일러도 크게 실망할 일은 아니었을 거예요.

컴퓨터로 계산해 본 결과 골드바흐의 추측은 100000 이하의 짝수에 대하여 성립한다고 알려졌습니다. 하지만 무한히 많은 짝수가 모두 소수 2개의 합으로 표현되는지에 대한 증명은 아직도 해결되지 못한 채 남아 있답니다.

3. 메르센 소수

메르센 소수가 무엇인지에 대해서는 앞에서 여러 번 설명을 했으므로 이제는 말만 들어도 '아, 2^n-1!'라는 식이 떠오를 거예요.

그런데 이런 메르센 소수는 셀 수 없을 만큼 많이 존재할까요? 현재까지 찾은 가장 큰 메르센 소수는 2024년에 발견된 $2^{136279841}-1$라고 했지요. 그렇다면 이것보다 더 큰 메르센 소수가 존재할까요?

이 역시 아직은 아무도 증명해 내지 못했답니다.

4. 리만 가설

미국의 매사추세츠주 케임브리지에 있는 클레이 수학 연구소CMI에서는 2000년 수학 분야에서 중요한 미해결 문제 7개를

선정하여 그 문제를 해결하는 사람에게 각각 100만 달러의 상금을 주기로 했어요.

"정말요, 어떤 문제인데요? 혹시 그중에서 제가 풀어 볼 만한 문제가 있지 않을까요?"

글쎄요. 여러분이 이해하기에는 조금 어려울걸요. 그래도 어떤 문제인지 제목만 알려 줄게요. '밀레니엄 문제Millennium Problems'라 불리는 이 7대 문제는 ①'P대 NP문제P vs NP Problem', ②'리만 가설Riemann Hypothesis', ③'양-밀스 이론과 질량 간극 가설Yang-Mills and Mass Gap', ④'내비어-스톡스 방정식Navier-Stokes Equation', ⑤'푸앵카레 추측Poincare Conjecture', ⑥'버치-스위너턴다이어 추측Birch and Swinnerton-Dyer Conjecture', ⑦'호지 추측Hodge Conjecture' 등이 있어요. 이름만 들어도 머리가 아플 만큼 어려운 내용이지요. 이 중에서 소수와 관련된 문제가 하나 있는데 바로 리만 가설이에요.

1859년 독일 수학자 리만은 소수들이 어떤 패턴을 가지고 나타나지 않을까라는 추측을 하게 되었습니다. 이것을 리만 가설이라고 부른답니다. 실제로 소수를 나열해 보면 수가 커질수록 소수가 점점 '엷어져서' 드물게 나타나는 것처럼 보입니다.

많은 사람은 소수에서 특별한 규칙을 찾으려고 했어요.

"이보게, 내가 소수에 관련된 특별한 패턴을 드디어 찾아내었다네."

"정말인가, 어서 말해 보게."

"3, 37, 337, 3337, 33337, 333337, …… 이렇게 3을 늘려 가면서 만들어 낸 수는 모두 소수라네."

"자네 정말 대단한데. 만약 이것이 사실이라면 자넨 수학사에서 엄청난 업적을 남기게 될 거야."

"뭘, 이 정도를 가지고."

"아, 잠깐만. 그런데 이상한 것이 있네. 333337까지는 소수가 맞는데 그다음 수인 3333337은 소수가 아닌데?"

"뭐, 그게 정말인가?"

"그래. 잘 보게나. $3333337 = 7 \times 31 \times 15361$인걸."

"맙소사."

이런 식의 논쟁이 수학자들 사이에 많이 일어났지요.

앞에서 말했던 것처럼 아주 오래전에 그리스 수학자 유클리드는 소수가 영원히 계속된다는 것을, 즉 무한히 많은 소수가 존재한다는 것을 증명했답니다.

그런데 만약 리만 가설이 증명된다면, 소수와 소수의 분포에 관한 지식은 큰 발전을 가져오게 될 것입니다. 그래서 리만 가설은 지금까지도 많은 수학자가 호기심을 충족시키기에 충분한 가치를 가지고 있는 것이랍니다.

5. 피보나치 소수

1, 1, 2, 3, 5, 8, 13, 21, 34, 55, 89, 144, 233, ……를 피보나치수열이라고 합니다. 각각의 수는 앞에 있는 두 수를 더해서 만든 것으로 이탈리아 수학자 레오나르도 피보나치Leonard Fibonacci, 1170~1250?가 생각해 낸 것이에요.

피보나치는 어느 날 집에서 기르던 토끼가 번식하는 수가 1, 1, 2, 3, 5, 8, 13, 21, 34, 55, 89, ……로 늘어나는 것을 보고 이 수를 생각하게 되었답니다. 그런데 신기하게도 이런 수열은 자연의 여러 현상에서 나타나고 있어 많은 사람의 관심이 대상이 되고 있습니다.

그런데 피보나치수열과 소수는 어떤 관계가 있을까요? 어떤 문제가 해결되지 못하고 남아 있을까요?

피보나치수열을 가만히 보면 소수를 찾을 수 있어요. 2, 3, 5

등이 바로 그것이지요.

그렇다면 과연 피보나치수열에 포함되어 있는 소수는 무한히 많을까요?

6. n^2+1 (단, n은 자연수)의 형태의 소수의 개수는 무한할까?

n^2+1의 형태를 가진 소수란 예를 들어, 다음과 같은 소수를 말합니다.

2, 5, 17, 37, ……, 65537, ……

이 문제의 답은 무엇일까요?

7. 연속한 두 수의 제곱수 사이에는 항상 소수가 존재할까?

연속된 두 수의 제곱 사이에는 언제나 소수가 존재할까요?

2 이상의 자연수 n에 대해 n과 $2n$ 사이에 소수가 존재한다는 것은 베르트랑 공준Bertrand Postulate으로 알려진 유명한 문제로 이미 오래전에 참으로 밝혀졌습니다. 그러나 이 문제처럼 제곱인 경우는 아직 그 해답을 아무도 모릅니다.

지금까지 언급한 내용 이외에도 소수에 대한 아주 많은 문제가 해결되지 못하고 남아 있답니다. 소수에 대한 관심이 큰 만큼 다양한 이야기가 전해지고 있는 것이지요. 하지만 풀리지 않는 문제가 없듯이 이런 문제들도 시간이 지나면 하나둘씩 해결이 되겠지요. 그 문제를 푼 주인공이 바로 여러분이 될 수도 있답니다.

수업 정리

❶ 17과 19, 101과 103과 같이 두 소수의 차이가 2인 소수를 쌍둥이 소수라고 합니다. 이 수들은 첫 번째 쌍둥이 소수인 (3, 5)를 제외하고는 모두 ($6k-1$, $6k+1$)의 모양을 하고 있습니다. 쌍둥이 소수의 개수가 무한히 많다는 사실은 유클리드에 의해 증명되었는데 현재까지 발견된 가장 큰 쌍둥이 소수는 $2996863034895 \cdot 2^{1290000} \pm 1$랍니다.

❷ 2보다 큰 짝수는 모두 2개의 소수의 합으로 나타낼 수 있을까라는 것이 바로 골드바흐의 추측으로 알려진 문제입니다.
컴퓨터로 계산해 본 결과 100000 이하의 짝수에 대하여 성립한다고 알려졌으나 무한히 많은 짝수가 모두 2개의 소수의 합으로 표현되는지에 대한 증명은 아직도 미해결 문제로 남아 있답니다.

❸ 골드바흐의 추측 이외에도 지금까지 해결되지 못한 문제 중에는 다음과 같은 것들이 있습니다.
독일 수학자 리만은 소수가 어떤 패턴을 가지고 나타나지 않을

까라는 추측을 하게 되었습니다. 이것을 리만 가설이라고 부릅니다.

피보나치수열에 포함되어 있는 소수는 무한히 많을까요?

n^2+1(단, n은 자연수)의 형태의 소수의 개수는 무한할까요?

연속한 두 수의 제곱수 사이에는 항상 소수가 존재할까요?

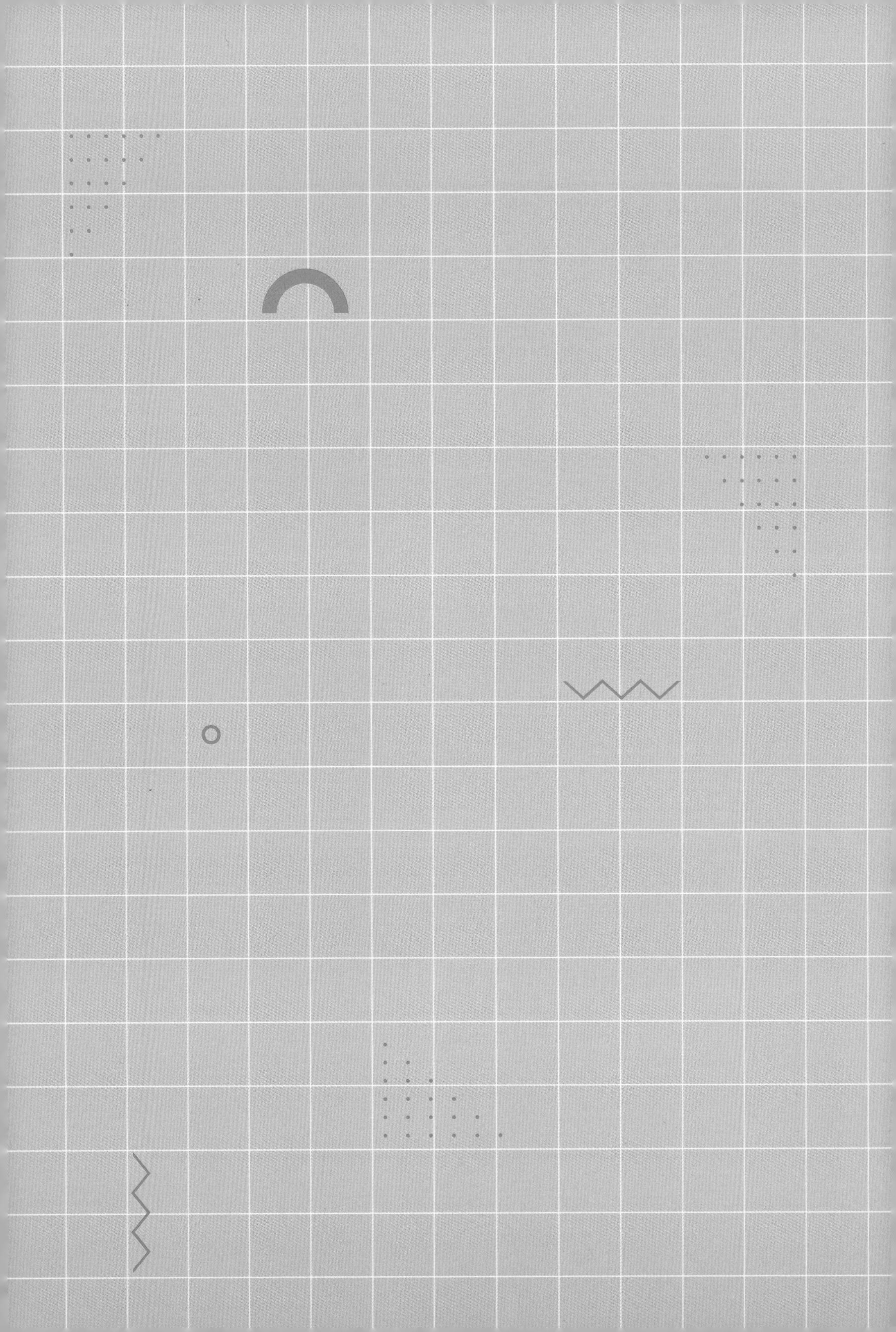

5교시

페르마의 소정리

나란히 붙어 있는 세 정수 중에서 앞의 수가 제곱수이고
뒤에 수가 세제곱수가 되는 정수는 단 하나,
26밖에 없습니다

수업 목표

1. 소수에 관련된 미해결 문제는 어떤 것이 있는지 알 수 있습니다.
2. 합동식이 무엇인지 알 수 있습니다.
3. 페르마의 소정리가 무엇인지 알 수 있습니다.

미리 알면 좋아요

1. 자연수 A가 자연수 B로 나누어질 때, A를 B의 배수라고 합니다. 예를 들어, 25는 5로 나누어집니다. 따라서 25는 5의 배수가 되겠지요.

2. 자연수 A를 자연수 B($B \neq 0$)로 나누었을 때의 몫을 Q, 나머지를 R이라 하면 $A=BQ+R$라는 식이 성립합니다. 이때, 나머지 R은 B보다 작은 수이겠지요. 예를 들어, 어떤 수 A를 6으로 나누면 나머지는 0, 1, 2, 3, 4, 5입니다. 여기서 6으로 나누었을 때 나머지가 같은 수들끼리 분류할 수 있는데 나머지가 0인 수들은 6의 배수이고 나머지가 1인 수들은 6의 배수보다 1 큰 수, 나머지가 2인 수들은 6의 배수보다 2 큰 수, …… 나머지가 5인 수들은 6의 배수보다 5 큰 수가 된답니다.

페르마의 다섯 번째 수업

내 취미가 수학 공부라는 것을 잘 알고 있을 거예요.

나는 선배 수학자들이 만든 문제를 풀어 보거나 내가 직접 문제를 만들어 푸는 것을 좋아했어요. 그런데 그것을 세상에 발표할 때는 풀이 과정과 답을 알려주지 않은 경우가 많았어요. 그래서 많은 수학자가 골탕을 먹기도 하였답니다.

영국의 작은 카페에서 두 사람이 열띤 토론을 하고 있었어요.

“자네 이번 수학 학회지 보았나? 페르마가 또 우리를 골탕 먹이려고 풀이도 없는 문제를 냈지 뭔가. 그 사람 정말 특이한 사람이야. 남의 약을 올리는 데는 타고난 재주가 있는 것 같아.”

“허허, 이 사람 너무 흥분하지 말게. 어쩌겠나, 우리보다 똑똑한 사람이니 참아야지. 이번엔 도대체 어떤 문제이기에 자네가 이렇게 흥분을 하는가?”

영국인 수학자 월리스는 이번에 나온 학회지를 친구인 다그비에게 보여 주면서 불평을 늘어놓았습니다. 월리스를 이처럼 흥분하게 만들었던 문제는 바로 이것이랍니다.

‘제곱수와 세제곱수 사이에 끼여 있는 정수는 26밖에 없다.’

제곱수란 같은 자연수를 두 번 곱해서 나온 수를 말합니다. 1, 4, 9, 16, 25 등이 바로 제곱수이지요. 그리고 세제곱수는 같은 자연수를 세 번 곱해서 나온 수예요. 1, 8, 27, 64, ……과 같이.

다시 말해서 나란히 붙어 있는 세 정수 중에서 앞의 수가 제곱수이고 뒤에 수가 세제곱 수가 되는 정수는 단 하나, 26밖에 없다는 것이지요.

25, 26, 27 세 수를 살펴보면 25는 5를 두 번 곱한 제곱수이고 27은 3을 세 번 곱한 세제곱수랍니다.

"말도 안 돼요. 무한히 많은 수 중에서 이런 조건을 만족하는 수가 단 하나밖에 없다는 것을 믿을 수가 없어요."

척이가 페르마의 말을 믿지 못하겠다는 듯이 말했어요.

"엄청나게 큰 수에서 찾아보면 또 있지 않을까요?"

척이 말처럼 아마 두 사람도 페르마의 주장이 틀렸을 거라고 생각했을지도 몰라요. 아무튼 윌리스와 다그비는 페르마의 주장이 맞는지 틀리는지 알아보기 위해 증명을 시작하였답니다. 이번에는 반드시 이것을 증명해 내서 페르마의 코를 납작하게 만들어야겠다고 생각했어요.

"선생님, 그래서 어떻게 되었어요?"

"두 사람은 증명에 성공을 했나요?"

불행하게도 끝내 두 사람은 이 정리를 증명해 내지 못했어요. 내가 그렇게 쉬운 증명을 내겠어요?

"선생님, 너무해요."

하하, 미안, 미안, 농담이에요. 내가 사람들을 일부러 골탕을 먹이려고 그런 건 아니에요.

결국 26은 아주 특별한 수가 되었답니다.

어둠이 짙게 내려앉은 영국의 평범한 집의 서재에서 한 남자가 저녁도 거른 채 수학 문제를 푸는 데 열중하고 있었습니다. 그는 벌써 7년 동안이나 이 문제를 풀기 위해 안간힘을 쓰고 있었어요. 희미한 불빛 아래로 비친 그 남자는 다름 아닌 18세기 수학의 천재라고 불리던 오일러였습니다.

잠시 후 그는

"드디어 해냈다."

라는 외침과 함께 자리를 털고 일어났습니다. 오랜 시간 노력의 결과라고 할 수 있었지요. 천재 수학자 오일러가 7년 동안이나 풀지 못해 낑낑거리고 있었던 문제가 과연 무엇이었을까요?

그것은 페르마가 아무런 증명도 없이 《아리스메티카》에 적어 놓은 많은 문제 가운데 하나였습니다.

'모든 소수는 $4n+1$이나 $4n-1$로 나타낼 수 있는데 $4n+1$로 표현되는 소수는 항상 두 제곱수의 합으로 나타낼 수 있지만 $4n-1$로 표현되는 수는 그렇게 할 수 없다.'

13은 소수입니다. 이 소수는 $13=4\times3+1$이므로 $4n+1$로 나타낼 수 있는 소수이지요. 이때, 13은 두 제곱수의 합으로 나타낼 수 있다는 것입니다.

$13=2^2+3^2$

또한 29 역시 소수입니다. $29=4\times7+1$이므로 $4n+1$꼴의 소수입니다. 이때, 소수 29는 두 제곱수의 합으로 나타낼 수 있습니다.

$29=2^2+5^2$

19 역시 소수입니다. 19는 $4\times5-1$이므로 $4n-1$이 되는 소수이지요. 이때, 소수 19는 두 제곱수의 합으로 나타낼 수 없다는 것입니다.

정말 그럴까요?

많은 수학자가 이 정리를 증명하려고 했습니다. 그러다가 거의 1세기가 지나서야 오일러에 의해 해결이 되었던 것입니다.

어느 날 나는 좀 특별한 모양의 소수를 생각해 내었어요. 이것은 소수를 내가 얼마나 사랑했는지 알려 주는 문제기도 했어요.

'$2^{2}n+1$모양의 수는 모두 소수이다.'

그리고 $2^{2}n+1$모양으로 나타내어지는 수를 페르마 소수라고 불렀습니다.

$n=0$일 때, $2^{2^n}+1=2^{2^0}+1=2^1+1=3$, 3은 소수

$n=1$일 때, $2^{2^n}+1=2^{2^1}+1=2^2+1=4+1=5$, 5는 소수

$n=2$일 때, $2^{2^n}+1=2^{2^2}+1=2^4+1=16+1=17$, 17은 소수

$n=3$일 때, $2^{2^n}+1=2^{2^3}+1=2^8+1=256+1=257$, 257은 소수

$n=4$일 때, $2^{2^n}+1=2^{2^4}+1=2^{16}+1=65536+1=65537$, 65537은 소수

$n=5$일 때, $2^{2^n}+1=2^{2^5}+1=2^{32}+1=4294967296+1=$

4294967297, 4294967297은 소수

……

나는 이렇게 계속해 나가면 무한히 많은 페르마 소수가 나올 것이라고 믿고 있었어요. 그런데 그런 내 생각이 틀렸다고 지적을 한 사람이 있었습니다.

바로 오일러였습니다.

그는 여섯 번째 페르마 수인 $4294967297=641\times6700417$로 소인수분해가 된다는 것을 알아냈답니다. 결국 $n=5$일 때는 $2^{2^n}+1$소수가 아니었습니다. 그렇다면 $2^{2^n}+1$ 모양의 수가 모두 소수는 아니라는 것이지요.

"우아! 선생님의 말이 틀릴 때도 있었네요."

원숭이도 나무에서 떨어질 때가 있는 거지요. 정수라면 누구보다도 자신이 있었던 내가 실수를 했으니까 말이에요. 그 뒤 많은 수학자가 $2^{2^n}+1$ 모양의 수 중에서 페르마 소수가 되는 것을 찾아내려고 했습니다. 그러나 아무도 더 이상의 페르마 소수는 찾아낼 수 없었지요.

결국 페르마 소수는 현재까지 5개밖에 찾아내지 못했답니다. 5부터 16까지의 n에 대해서는 위의 수가 소수가 아님이 이미 밝혀져 있답니다.

언젠가 여섯 번째 페르마 소수가 발견될 날이 있겠지요.

내가 정답도 없이 발표했던 문제들을 푸는 데 시간이 많이 걸리긴 했지만 훌륭한 수학자들에 의해 한 문제 한 문제씩 해결되어 나갔어요. 그중에서 특별히 내 이름이 붙여진 정리가 두 개가 있는데 하나가 페르마의 소정리이고 또 하나가 페르마의 대정리랍니다. 페르마의 대정리에 대해서는 다음 시간에 자세히 이야기하도록 하고 오늘은 페르마의 소정리가 무엇인지에 대해 알아보도록 할게요.

페르마는 칠판 가운데 커다랗게 다음과 같은 식을 썼습니다.

'p가 소수이고 a를 p의 배수가 아닌 자연수라 할 때,
$a^{p-1} \equiv 1 \pmod p$이 성립한다.'

"어! 선생님, 틀리게 쓰셨어요. 등호 =를 써야 하는데 선 하나를 더 그어서 ≡ 라고 쓰셨네요."

"맞아. 저 기호는 우리 형 수학책에서 본 적이 있는데, 뭐였더라. 기억났다! 그건 합동을 나타내는 기호야."

아이들이 페르마가 실수한 것이 재미있는 모양입니다. 여기저기서 술렁거리며 저마다 한마디씩 했습니다.

아, ≡기호를 말하는군요. 이건 틀리게 쓴 것이 아니랍니다. =와는 좀 다른 뜻을 가진 기호에요. 좀 전에 누가 합동 기호라고 말했던 것 같은데.

맞아요. 기호 ≡ 는 합동을 나타내는 기호랍니다. 일반적으로 어떤 두 개의 도형이 크기도 같고 모양도 같아서 완전히 포개어질 때 합동이라는 말을 씁니다. 그리고 두 도형이 합동임을 나타낼 때 기호 ≡ 를 사용합니다.

그렇다면 앞에서 말한 식 $a^{p-1} \equiv 1 \pmod p$는 합동과 어떤 관련이 있지 않을까요? 예를 들어 다음과 같은 식이 있다고 해 보지요.

$4 \equiv 7 \pmod 3$, $21 \equiv 86 \pmod 5$

"선생님 말씀대로라면 '4와 7이 합동이다. 21과 86은 합동이다.'라는 것인데 4와 7이 왜 합동이에요?"

자, 이걸 설명하자면 내용이 좀 어려우니까 유클리드 호제법을 공부할 때 썼던 대화법을 한 번 더 해 볼까요?

4는 3으로 나누었을 때 나머지가 얼마일까요?

"1입니다."

그럼 10은 3으로 나누었을 때 나머지가 얼마일까요?

"1입니다."

그렇다면 다음 수들의 공통점은 무엇일까요?

1, 4, 7, 10, 13, ……

"3으로 나누었을 때 나머지가 모두 1인 수들입니다."

맞았어요. 이제 여러분도 정수에 달인이 될 것 같은데요.

1, 4, 7, 10, 13, ……과 같이 3으로 나누었을 때 나머지가 모두 1인 수들을 3에 대하여 합동이라고 합니다.

그리고 이것을 mod라는 기호를 써서여기서 mod는 modulus를 줄여서 쓴 것이에요. 우리나라 말로는 법法이라고 읽지요 $1 \equiv 4 \equiv 7 \equiv 10 \equiv 13 \equiv \cdots\cdots \pmod 3$이라고 하고 이러한 식을 합동식이라고 한답니다.

그럼 다음 합동식은 어떤 의미일까요?

$13 \equiv 8 \pmod 5$

"5로 나누었을 때 나머지가 3인 수이므로 13과 8은 5를 법으로 하여 같은 수입니다."

아주 잘했어요. 지금까지의 내용을 다시 정리하면 $a \equiv b \pmod c$는 'a와 b는 c를 법modulus으로 하여 모두 같은 수다.'

라고 할 수 있지요. 결국 $a-b$는 c의 배수가 되는 것입니다. $13 \equiv 8(\mathrm{mod}\ 5)$을 예로 들어 볼게요. $a=13$에서 $b=8$을 빼면 5이고 이 수는 5의 배수가 됩니다. 합동식은 독일의 수학자 가우스 Gauss Carl Friedrich가 처음으로 생각해 낸 것이지요. 여러분에게는 아주 생소하게 느껴질 겁니다.

그럼 이제 페르마의 소정리에 대해 다시 이야기를 이어가 볼까요.

페르마의 소정리는 'p가 소수이고 a를 p의 배수가 아닌 자연수라 할 때, $a^{p-1} \equiv 1(\mathrm{mod}\ p)$이 성립한다.'는 것이므로 다시 말해서 '$a^{p-1}-1$은 p의 배수이다.'라는 것이지요.

예를 들어 $a=2, p=5$일 때, $2^{5-1} \equiv 2^4 \equiv 16$이므로 $16-1=15$는 5의 배수입니다. 따라서 $16 \equiv 1(\mathrm{mod}5)$라고 할 수 있지요.

다른 정리들과 마찬가지로 나는 이 내용에 대한 특별한 증명을 해 놓지 않았기 때문에 수학자들 사이에 정말 '$a^{p-1}-1$가 p의 배수가 되는지'에 대해 많은 궁금증을 만들게 되었습니다. 그러다가 결국 17세기 독일의 수학자 라이프니츠와 18세기 스위스의 수학자 오일러에 의해 증명이 되었지요.

수업 정리

❶ 25, 26, 27 세 수를 살펴보면 25는 5를 두 번 곱한 제곱수이고 27은 3을 세 번 곱한 세제곱수가 됩니다. 그런데 이와 같이 나란히 붙어 있는 세 정수 중에서 앞의 수가 제곱수이고 뒤에 수가 세제곱수가 되는 정수는 단 하나, 26밖에 없습니다.

❷ 모든 소수는 $4n+1$이나 $4n-1$로 나타낼 수 있는데 $4n+1$로 표현되는 소수는 항상 두 제곱수의 합으로 나타낼 수 있지만 $4n-1$로 표현되는 수는 그렇게 할 수 없습니다. 다시 말해서 13은 $13=4\times3+1$이므로 $4n+1$이 되는 소수입니다. 따라서 $13=2^2+3^2$로 나타낼 수 있지요. 그러나 19는 $4\times5-1$이므로 $4n-1$이 되는 소수이기 때문에 이 수는 두 제곱수의 합으로 나타낼 수 없습니다.

❸ 'p가 소수이고 a를 p의 배수가 아닌 자연수라 할 때, $a^{p-1}\equiv 1 \pmod p$이 성립한다.' 이 정리를 페르마의 소정리라고 부릅니다. 다시 말해서 '$a^{p-1}-1$은 p의 배수이다.'라는 것입니다. 이 정리는 17세기 독일의 수학자 라이프니츠와 18세기 스위스의

수학자 오일러에 의해 증명이 되었습니다.

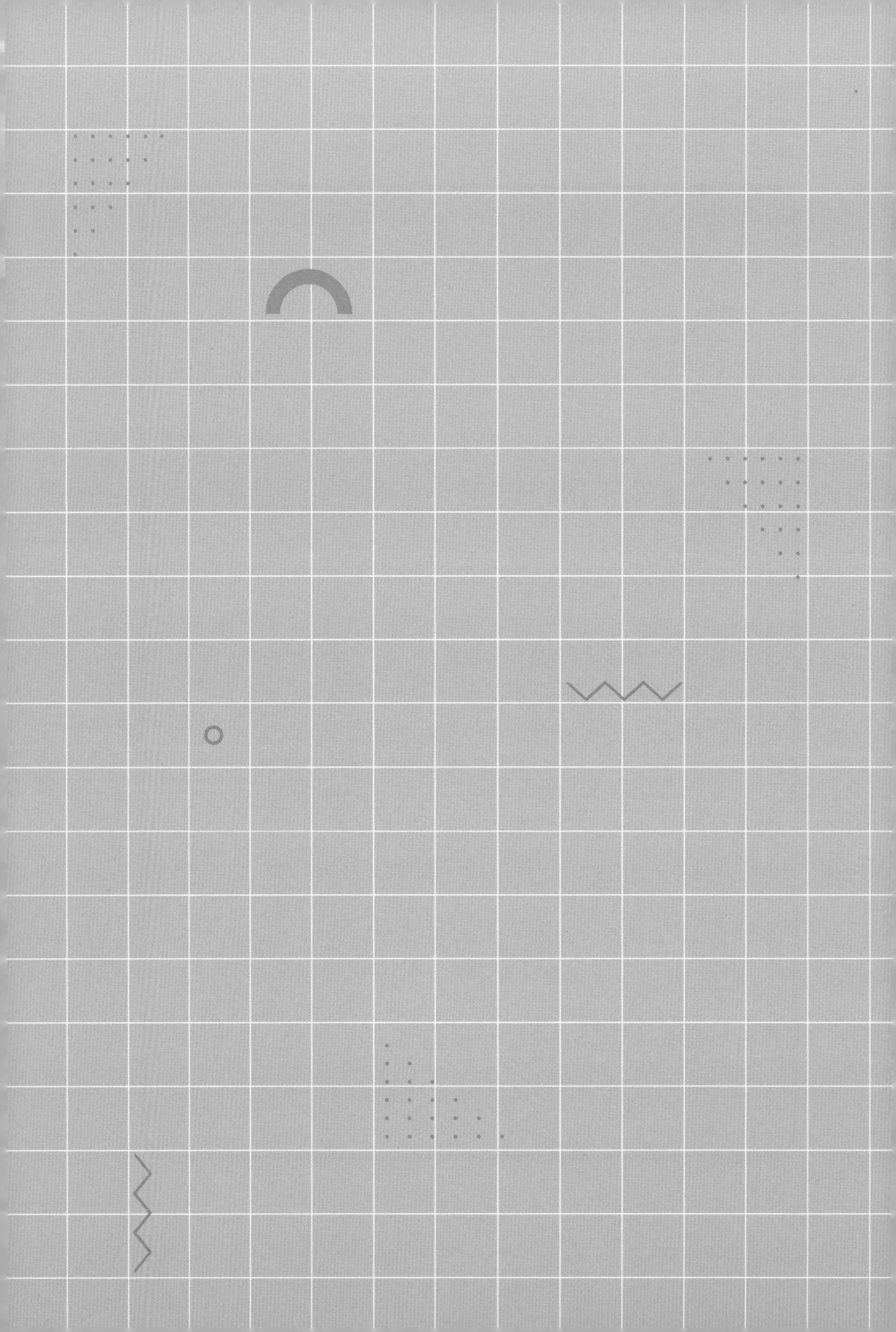

6교시

페르마의 대정리

n이 3 이상인 수에서는 $a^n+b^n=c^n$을 만족하는 정수 a, b, c의 값은 존재하지 않습니다.

수업 목표

1. 페르마의 대정리가 무엇인지 알 수 있습니다.
2. 페르마의 정리를 증명해낸 수학자 앤드루 와일스에 대해 알 수 있습니다.

미리 알면 좋아요

1. 직각삼각형에서 직각을 낀 두 변의 길이의 제곱의 합은 빗변의 길이의 제곱과 같다는 것이 피타고라스 정리입니다. 이 정리를 식으로 나타내면 $a^2+b^2=c^2$(a, b, c는 자연수, c는 가장 큰 수)이지요.

이 정리는 고대 그리스의 수학자 피타고라스가 처음으로 증명해 낸 정리라고 해서 피타고라스의 이름을 따서 피타고라스의 정리라고 부릅니다.

자연수 중에는 피타고라스의 정리를 만족하는 a, b, c의 값이 많이 있는데 이런 수들을 피타고라스의 수라고 부른답니다. 예를 들어, 3, 4, 5는 $3^2+4^2=5^2$이므로 피타고라스 수이지요. 또한 5, 12, 13 역시 $5^2+12^2=13^2$이므로 피타고라스의 수입니다.

페르마의 여섯 번째 수업

페르마는 아이들에게 천재 소년이라는 제목의 비디오를 보여 주었습니다. 화면 속에는 영국의 한 가정집에서 어린 소년이 책상에 앉아 뭔가를 열심히 하고 있는 모습이 비춰졌습니다.

"와일스, 그만하고 나와서 친구들과 함께 운동이나 좀 하고 오렴."

엄마는 틈만 나면 책상에 앉아 있는 와일스를 쳐다보며 말했습니다. 공부를 열심히 하는 것도 좋지만 어릴 적에는 친구들도

사귀고 많이 뛰어놀아야 건강에도 좋을 텐데 하루 종일 수학 문제에 매달려 있는 아들이 걱정되었기 때문입니다.

"네, 알았어요. 엄마."

와일스는 엄마의 성화에 못 이겨 할 수 없이 밖으로 나왔지만 마땅히 갈 곳도 없었습니다. 수줍음이 많고 내성적인 와일스는 다른 아이들처럼 적극적으로 놀이에 참여하지도 못했고 미처 풀지 못한 수학 문제 생각으로 조바심이 났습니다. 그렇다고 집에 다시 들어갈 수도 없고…….

놀이터에는 와일스 또래의 아이들이 신나게 놀고 있었습니다. 같은 학교에 다니는 친구가 와일스를 보고 손짓을 하며 오라고 했습니다. 와일스는 놀이터로 가려다가 귀찮은 듯 발걸음을 돌렸습니다.

마을의 여기저기를 할 일 없이 기웃거리던 와일스는 시간이 날 때면 늘 찾아가곤 했던 마을 입구의 도서관이 떠올랐습니다.

"아, 거길 가면 되겠구나."

와일스의 발걸음이 빨라졌습니다.

도서관은 한산했습니다. 대학생쯤으로 보이는 몇 명의 학생들만이 책상에 두꺼운 책을 쌓아 놓고 읽는 모습이 눈에 들어

왔습니다. 와일스는 자리를 지키고 있던 사서 선생님과 인사를 나누었습니다.

이곳에서는 보고 싶은 책을 마음껏 읽을 수 있어서 너무 좋았습니다. 여느 때처럼 자신이 가장 좋아하는 과목인 수학책이 꽂혀 있는 서가로 갔습니다. 이제 열 살밖에 안 된 어린 꼬마가 읽기에는 너무 어려운 책들이었지만 와일스에게는 아무런 문제도 되지 않았습니다.

"오늘은 어떤 책을 읽을까? 음~ 이게 좋겠다."

와일스가 뽑아 든 책은 책장 한구석에 꽂혀 있던《마지막 문제》라는 책이었습니다.

“마지막 문제? 이게 뭘까?”

책의 내용이 무척이나 궁금했던 와일스는 단숨에 책을 읽어버렸습니다. 이 책에서 소개 하고 있는 마지막 문제란 바로 300년이 넘도록 무수히 많은 천재 수학자를 좌절하게 만들었던 페르마의 마지막 정리였던 것입니다.

“어, 이상하다. 이것은 나처럼 어린아이도 이해할 수 있는 아주 쉬운 문제 같은데 위대한 수학자들조차도 푼 사람이 아무도 없다니……. 좋아, 그렇다면 이 문제는 내가 풀어야지.”

와일스는 사서 선생님에게 종이와 연필을 빌려 문제를 풀기 시작했습니다. 금방이라도 답이 나올 것만 같았던 문제는 오랜 시간이 지나도 풀리지 않았습니다. 해는 벌써 져서 밖은 어두워졌습니다. 도서관에 있던 사람들은 어린아이가 꽤 오랜 시간 동안 낑낑대며 문제를 풀고 있는 모습을 신기한 듯 바라보다가 한두 명씩 집으로 돌아갔습니다. 와일스는 사서 선생님이 집으로 돌아가야 할 시간이라고 알려 줄 때까지 꼼짝하지 않았습니다.

어깨가 축 처져서 집으로 돌아온 와일스를 어머니는 반갑게 맞아 주었습니다.

“어디 갔다 이제 왔니? 너를 찾으려고 동네를 한참이나 돌아

다녔단다. 배고프지? 얼른 씻고 저녁 먹자."

"도서관에 갔었어요."

"그랬구나. 그런데 너 어디 아프니? 기운이 없어 보인다."

"아니에요. 오늘 도서관에서 본 수학 문제가 잘 풀리지 않아서 그래요."

저녁을 먹는 둥 마는 둥 하고 방으로 들어온 와일스는 책상 앞에 앉아 다시 그 문제에 매달렸습니다. 그러나 어린 소년이 풀기에 페르마의 정리는 너무나 어렵고 힘든 과제였습니다. 하지만 어떤 일이든 포기라는 것을 모르는 와일스에게 페르마의 정리는 새로운 도전이었고 꿈이었습니다.

"내가 언젠가는 이 문제를 반드시 풀고 말 거야."

어린 소년에게 새로운 꿈을 안겨준 페르마의 마지막 정리는 20세기 수학의 천재를 만들어 낼 수 있는 계기가 되었습니다.

화면이 잠시 멈추자 기다렸다는 듯이 척이가 물었습니다.

"그런데 선생님, 선생님은 어떻게 해서 이런 대단한 문제를 생각하게 되셨나요? 수백 년 동안이나 천재 수학자들이 풀지 못한 문제라면 엄청난 노력을 해서 만드신 것 같은데……."

아니에요. 나는 이 정리를 아주 우연한 계기로 생각해 냈답니다. 그날도 다른 때와 마찬가지로 디오판토스가 쓴《아리스메티카》라는 책을 보며 새로운 문제가 없는지, 내가 풀지 못한 문제는 없는지 찾아보고 있었어요. 그때 고대 그리스의 수학자 피타고라스가 증명해 낸 피타고라스의 정리가 눈에 띄었답니다. 피타고라스의 정리가 어떤 것인지는 알고 있지요?

"네! '모든 직각삼각형에서 가장 긴 변의 제곱은 나머지 두 변의 길이의 제곱의 합과 같다'입니다."

척이가 씩씩하게 대답했습니다.

그래요. 척이가 말한 내용을 식으로 써 보면 삼각형의 세 변의 길이를 a, b, c라고 하고 가장 긴 변이것을 빗변이라고 부르지요을 c라고 하면 $a^2+b^2=c^2$입니다.

이와 같은 식을 피타고라스의 정리라고 부릅니다.

이 조건을 만족하는 정수 중에서 가장 작은 수가 3, 4, 5입니다.

$3^2+4^2=9+16=25=5^2$

물론 이 방정식을 만족하는 a, b, c의 값은 (3, 4, 5) 말고도 (6, 8, 10), (9, 12, 15), (30, 40, 50) 등이 있습니다. 여러분도

작은 관심만 있다면 얼마든지 또 다른 피타고라스의 수를 찾아낼 수 있을 거예요. 며칠 전에 친구가 그러던데 요즘은 컴퓨터 프로그램을 이용하여 힘들이지 않고도 피타고라스의 수를 찾는 방법도 나와 있다고 하더라고요. 피타고라스의 수는 아무리 찾고 또 찾아도 끝없이 계속 나온답니다. '피타고라스의 수는 무수히 많다.'는 사실은 벌써 오래전에 유클리드에 의해 증명이 되었으니까요. 유클리드가 못했다면 내가 증명했을 수도 있었는데 좀 아쉬워요.

나는 이런 피타고라스의 수들에 대해 관심이 많았어요. 그래서 피타고라스의 수들에 대한 연구를 하곤 했지요. 그러다가 좀 엉뚱한 생각을 하게 되었지 뭐예요.

'$a^2+b^2=c^2$에서 지수 2 대신에 3을 넣는다면 어떻게 될까? 다시 말해서 $a^3+b^3=c^3$이 되는 정수 a, b, c 값은 없을까?'

이런 생각을 하고 보니 괜한 호기심이 발동을 하는 거예요. 그렇다면 이 수를 내가 찾아서 페르마의 수라고 이름을 붙여야겠다는 욕심도 생기게 되었어요. 그날부터 $a^3+b^3=c^3$를 만족하는 정수를 찾는 일에 푹 빠져 버렸답니다.

그런데 이게 웬일이에요. 하루가 지나고, 이틀이 지나고, 일주일이 지나도 이 식을 만족하는 수를 찾을 수가 없었어요. 피타고라스의 정리를 만족하는 수는 너무 많아서 조금만 노력하면 누구나 쉽게 찾을 수 있었어요. 그런데 숫자만 하나 바꿔치기 한 것뿐인데 방정식 $a^3+b^3=c^3$을 만족하는 수는 찾을 수 없다니 나는 미칠 것만 같았지요.

그래서 하는 수 없이 나중에 다시 찾아보기로 하고 이번에는 숫자 2를 4로 바꾸어 다시 시도를 해 보았습니다. '설마 이 방정식을 만족하는 a, b, c 값은 있겠지.' 하는 생각을 하면서요. 그런데 결과는 마찬가지였습니다. 나는 화가 나기도 하고 오기가 생기기도 해서 숫자를 자꾸자꾸 늘려 가며 정수를 찾는 일에 몰두했습니다.

$$a^5+b^5=c^5,\ \ a^6+b^6=c^6,\ \ a^7+b^7=c^7, \cdots\cdots$$

결과가 어떻게 되었을까요?

불행히도 어떤 방정식에서도 답을 찾아내지 못했답니다. 나는 이런 방정식이 너무 신기했어요. 단지 지수가 2일 때만 답이 무수히 많이 존재하고 나머지 경우에는 어떤 식에서도 답을 찾아내지 못하다니…….

그래서 몇 날 며칠을 잠도 자지 않고 밖에 나가지도 않으면서 이 문제에 매달린 결과, 드디어 다음과 같은 결론을 내리게 되었습니다.

n이 3이상인 수에서는 $a^n+b^n=c^n$을 만족하는 정수 a, b, c의 값은 존재하지 않는다.

그리고 내가 읽고 있던 《아리스메티카》의 여백에 다음과 같이 적어 놓았어요.

어떤 세제곱수는 다른 두 세제곱수의 합으로 나타낼 수 없다.
또한 어떤 네제곱수는 다른 두 네제곱수의 합으로 나타낼 수 없다.
나는 경이적인 방법으로 이 정리를 증명했으나
책의 여백이 너무 좁아서 여기에 옮겨 놓지 않겠다.

이 글이 적혀 있는 내 책이 세상에 알려지면서 많은 수학자들이 관심을 가지기 시작했어요. 너무나 간단한 식이기 때문에 처음에는 어린 와일스가 그랬던 것처럼 '에이, 이거 별거 아닌데.'라며 증명을 시도했던 수학자들은 당황하기 시작했어요. 그러곤 자신들의 머리로는 해결할 수 없음을 깨닫고 좌절하고 말았지요. 수학의 천재라고 불리던 사람들마저도 자존심에 커다란 상처를 입게 되었답니다.

그들은 내가 적어 놓은 마지막 글귀에 더 깊은 상처를 받았던 것 같았어요. 아마도 내가 무척이나 얄밉게 느껴졌을 거예요. 게다가 난 아마추어 수학자였으니까 전문 수학자들이 생각할 때에 자존심이 무척이나 상하는 일이었겠지요.

나는 경이적인 방법으로 이 정리를 증명했으나
책의 여백이 너무 좁아서 여기에 옮겨 놓지 않겠다.

이 정리가 발표되고 300년이 지나도록 누구도 증명해 내지 못하자 사람들은 슬슬 나를 의심하기 시작했지요. 아마 나도 이 증명을 못 했을 것이라고요.

그러면서도 한쪽에서는 또 다른 수학자가 증명에 도전을 했고 어떤 사람은 인생의 목표가 이 문제를 해결하는 것이었다고 하니 얼마나 대단한 것이었는지 상상이 되지요. 결국 페르마의 마지막 정리는 수학사에서 가장 유명하고 가장 증명하기 어려운 정리로 남게 되었답니다.

그렇다고 모두 손도 대지 못했던 것은 아니랍니다. 많은 수학자가 자신들이 알고 있는 온갖 방법을 이용하여 이 문제를 해결하려고 했으며 완전하게 증명은 하지 못했지만 조금씩 해결의 실마리를 가지게 되었어요. 또한 이 정리를 증명하는 과정에서 새로운 이론들이 쏟아져 나오는 등 수학은 한층 더 발전할 수 있게 되었답니다.

그중에서도 페르마의 정리를 증명하기 위해 새로운 길을 열어 준 사람이 바로 18세기를 대표하는 천재적인 수학자 오일러였어요. 스위스에서 목사의 아들로 태어난 오일러는 18세기 수학의 발전에 공헌한 위대한 수학자였습니다. 여러분은 아마 어렸을 적에 한붓그리기 놀이를 해본 적이 있을 거예요. 한붓그리기란 한 번도 손을 떼지 않고 모든 길을 한 번씩만 지나가는 것이지요. 이 문제를 해결한 사람이 바로 오일러랍니다.

러시아에 있는 도시 쾨니히스베르크에는 7개의 다리가 놓여 있었어요. 그 도시에 살고 있는 사람들은 매일 아침 이 다리를 건너서 산책을 했답니다. 그러다가 '모든 다리를 한 번씩만 건널 수는 없을까.' 하는 생각을 하게 되었어요. 사람들은 삼삼오오 짝을 지어 몇 번이고 시도를 해 보았지만 번번이 실패하고 말았답니다. 결국 모든 다리를 한 번씩만 건널 수는 없다는 결론을 내리게 된 것이지요.

그런데 이것을 수학적으로 증명해 낸 사람이 바로 오일러였어요. 그래서 수학자 오일러라고 하면 한붓그리기가 먼저 떠오른답니다. 또한 모든 도형에서 점, 선, 면 사이의 관계를 밝힌 오일러 공식을 만들어 낸 사람이기도 하지요.

그러나 불행히도 그는 연구를 너무 열심히 한 나머지 한쪽 눈을 잃게 되었습니다. 그리고 나중에는 두 눈이 모두 보이지 않게 되었지요. 하지만 수학에 대한 그의 열정은 아무도 막을 수가 없었어요. 비록 눈은 보이지 않았지만 그의 머릿속에서 이루어지는 천재적인 계산 능력은 한 치의 오차도 없을 정도였습니다.

그런 오일러에게도 페르마의 정리는 커다란 숙제였습니다.

그는 그동안 자신이 연구한 내용을 바탕으로 페르마의 정리도 한꺼번에 증명하는 것이 아니라 하나씩 증명해 나가다 보면 결국 모든 것이 증명될 것이라고 생각했어요.

$a^3+b^3=c^3$의 정수해가 없음을 증명하고,

그다음에 $a^4+b^4=c^4$의 정수해가 없음을 증명하고,

또 $a^5+b^5=c^5$의 정수해가 없음을 증명하고,

$a^6+b^6=c^6$, $a^7+b^7=c^7$, ……

이렇게 계속 증명해 나가는 것이지요.

사실은 내가 페르마의 정리를 증명할 수 있는 힌트를 책 속에 적어 놓았는데 그걸 아무도 찾지 못했답니다.

"네! 힌트라고요? 아니, 그걸 왜 이제서야 이야기하시는 거예요."

아이들은 페르마의 말을 듣고 흥분해서 소리쳤습니다.

"선생님, 진짜 너무해요."

자 자, 이제 진정하세요. 사실 나도 몰랐어요. 아마 내가 책의 여백에 아무렇게나 써 놓았는데 그 위에 다른 정리들이 겹쳐져서 보이지 않았던 것일 거예요.

하지만 오랜 시간이 지난 뒤 그 내용을 찾아낼 수 있었답니다. 그 책에 쓰여 있는 내용은 페르마 정리의 일부분이었는데 $a^4+b^4=c^4$의 정수해가 없음을 귀류법을 이용하여 증명해 놓은

것이었지요.

오일러는 이것과 비슷한 방법으로 증명해 나가기 시작했지요. 결국 그는 1753년에 $n=3$인 경우, 즉 $a^3+b^3=c^3$인 경우에 페르마의 정리가 성립됨을 증명해 낼 수 있었답니다. 그 후 또다시 같은 방법으로 $n=5$인 경우에도 페르마의 정리가 성립하는지 증명하기 시작했습니다. 그러나 안타깝게도 실패하고 말았답니다.

그러나 $n=3$인 경우의 증명은 비록 부분적인 성공이었더라도 페르마의 정리가 나온 후 거의 100년 만에 이룬 대단한 성과라고 할 수 있어요. 이는 페르마의 정리를 증명하는 방법에 한 발자국 전진한 것이니까요.

그 후 많은 수학자가 페르마의 정리를 증명하는 데 동참을 하였습니다. 20대의 젊은 수학자 디리클레가 $n=5$인 경우에 정수해가 없음을 증명하였고, 가브리엘 라메가 $n=7$인 경우에 정수해가 없음을 증명했답니다.

그리고 과학이 점점 발달하고 컴퓨터가 발명되면서 사람의 힘으로 계산할 수 없는 아주 큰 수까지도 빠른 속도로 계산을 하게 되면서 페르마의 정리를 하나씩 증명되기 시작하여 제2차 세계 대전 이후에는 $n=500$ 이하의 숫자까지, 1980년에는 일

리노이스 대학의 교수 사무엘 와그스타프가 $n=25000$ 이하의 숫자까지 증명을 했답니다. 그 후에는 400만 이하의 숫자까지도 증명할 수 있었지요.

하지만 지수 n은 3 이상의 정수이고 그런 정수는 무수히 많은데 이런 식으로 어떻게 모든 정수에 대해서 하나하나 다 증명할 수 있겠어요. 결국 수학자들은 더 이상 페르마의 정리를 증명할 수 없다고 여기고 손을 들고 말았지요.

페르마의 정리와 관련된 재미있는 에피소드도 있답니다.

어느 날 라메와 코시라는 수학자는 자신들이 페르마의 정리를 완벽하게 증명했다고 발표했어요. 라메는 n이 7인 경우 페르마의 정리가 성립된다는 것을 증명한 수학자라고 말했지요. 그러나 두 사람이 각자의 증명을 발표하기로 한 날 어느 누구도 강연장에 나타나지 못했습니다. 그것은 독일의 수학자 쿠머 Ernst Kummer, 1810~1893가 두 사람의 증명에는 커다란 오류가 있다는 것을 찾아냈기 때문이지요. 쿠머는 페르마의 정리의 증명을 아주 근접하게 해낸 사람으로 평생을 두고 페르마의 마지막 정리를 증명하기 위해 도전을 했답니다. 그래서 프랑스 학술원으로부터 상금을 받기도 했어요.

그리고 많은 세월이 지났지요. 독일의 어느 집 서재에 사랑하는 애인에게 깊은 상처를 받고 실연을 당한 볼프스켈이라는 수학자가 있었어요. 그는 애인에게 받은 상처가 너무 커서 고통으로 괴로워하다가 결국은 더 이상 살 수 없다고 생각하고 자살을 결심했지요. 그날 밤 12시에 죽기로 결심한 볼프스켈은 그동안 알고 지내던 친구들에게 마지막 편지를 보내고 유서를 쓴 후 주변을 정리하였습니다.

모든 일을 끝낸 볼프스켈은 시계를 보았습니다. 그런데 죽기로 약속한 시간이 조금 남아 있는 것이었어요. 그래서 무심코 책상 위에 놓여 있던 있는 책을 집어 들어 읽기 시작했습니다. 그 책이 바로 쿠머가 코시와 라메의 논문에 오류가 있음을 지적한 논문이었답니다. 그는 그 논문을 읽으며 쿠머의 이론에 심각한 문제가 있다는 것을 깨달았고 어느 틈엔가 페르마의 정리에 푹 빠져 시간이 가는 줄 몰랐습니다. 그가 정신을 차렸을 때에는 이미 약속한 12시를 훨씬 넘겨 새벽이 오고 있었답니다. 페르마의 정리 덕분에 자살을 막을 수 있게 된 볼프스켈은 페르마의 정리를 증명하는 사람에게 10만 마르크의 상금을 주겠다고 선언하였지요.

그로 인해 페르마의 마지막 정리는 또다시 많은 사람의 관심을 불러일으키게 되었답니다.

화면은 다시 청년이 된 와일스가 친구와 함께 이야기를 하고 있는 모습이 비춰졌습니다.

“자넨 이제 페르마의 정리를 증명하는 것은 포기한 것인가? 현재 연구하고 있는 타원곡선론에 관련된 학문은 자네를 따라올 사람이 없지 않은가.”

“내가 수학을 공부한 목적은 페르마의 정리를 풀기 위함이었지. 그런데 교수님의 권유에 의해 잠시 꿈을 접어둔 것이지만 절대로 포기한 것은 아니네. 언제가 꼭 증명해 내고 말거야.”

“그런데 와일스, 지난번 학회 논문을 읽어 보았는가?”

“아니, 너무 바빠서 읽지 못했는데, 대단한 논문이라도 발표되었어?”

“페르마의 정리를 증명하는 것이 일생의 꿈이라면서 아직도 그 소식을 접하지 못했다니! 일본의 수학자가 대단한 일을 했더구먼. 페르마의 정리가 전 세계 수학자들에게 관심의 대상이 되고 있으니 그 힘이 정말 대단한 것 같아.”

“일본 수학자라고?”

“그래. 다니야마-시무라의 추측인데 이 추론만 증명할 수 있다면 페르마의 마지막 정리는 저절로 증명된다는 것이라고 공식적으로 발표가 났다는군.”

“다니야마-시무라의 추측이라고?”

친구의 말을 들은 와일스는 강한 충격을 받았습니다. 그리고 페르마의 정리를 증명할 수 있다는 작은 희망이 생기기 시작했습니다. 이제부터 자신이 해야 할 일은 다른 어떤 것도 아닌 페르마의 정리를 증명하는 것이라고 생각했습니다. 열 살 때 가졌던 자신의 꿈이 이루어질 것만 같은 생각이 들어 가슴이 벅차올랐습니다.

'다니야마-시무라의 추측'을 증명하는 일도 페르마의 정리를 증명하는 것만큼 어려운 일이었습니다. 그러나 이것은 자신이 가장 자신 있는 타원곡선론의 한 분야였기 때문에 자신감이 더 생겼습니다.

집으로 돌아온 와일스는 여느 때와는 달리 몹시 들떠 있었습니다.

"여보, 밖에서 무슨 일이 있었어요?"

가족은 평소와는 다른 와일스의 모습을 보고 걱정이 되는지 물었습니다.

"이제부터 나는 페르마의 정리와 관련이 없는 것이라면 어떤 연구도 하지 않을 거야. 그리고 세미나나 각종 학회에도 참여하지 않겠어."

가족은 갑작스러운 와일스의 말에 무척 당황해했습니다.

그 후 그는 8년이라는 긴 세월 동안 가족의 일과 페르마의 정리 이외에는 어떤 것에도 관심을 두지 않았습니다. 그의 동료들을 포함해서 많은 사람이 와일스가 무엇을 하고 있는지 궁금해했고 어떤 사람들은 이제 수학을 포기한 것이 아니냐고 말하는 사람도 있었어요.

결국 그의 피나는 노력은 결실을 맺게 되었답니다. 1993년 6월 23일, 케임브리지에 신설된 뉴턴 연구소는 20세기 최대의 화제가 될 페르마의 정리가 증명되는 순간을 조심스럽게 기다리고 있었습니다. 페르마의 정리가 증명되었다는 소식을 접한 수많은 수학자가 역사적인 순간을 놓치지 않기 위해 강연장에 몰려들었지요.

긴 시간의 증명을 끝낸 와일스의 얼굴에는 말로 표현할 수 없는 흥분과 기쁨이 담겨져 있었습니다. 그리고 그는 숨죽이며 지켜보던 사람들에게 말했어요.

"이제 강연을 끝내도 좋을 것 같습니다."

강연장을 가득 메운 사람들의 박수 소리와 함께 화면은 멈추었습니다.

그날 발표한 와일스의 증명에는 부분적인 오류가 있었어요. 하지만 와일스는 스스로 자신의 오류를 인정하고 1년여 시간의 노력 끝에 1994년 9월 마침내 누구도 부정할 수 없는 완벽한 증명을 해내게 되었습니다.

처음 논문을 발표하고 오류가 있다는 것을 알게 된 후 수정 작업에 들어간 1년 동안의 시간은 와일스에게 엄청난 고통이었습니다. 그는 밖에도 나가지 않고 사람들도 만나지 않은 채 잘못된 부분을 해결하기 위해 온 힘을 쏟았답니다. 그는 마지막 증명을 마친 후 한 TV 인터뷰에서 다음과 같이 말했어요.

"그것은 수학자로서의 나의 일생에 가장 중요한 순간이었습니다. 앞으로 내가 무엇을 하더라도 그만큼 중요한 순간은 다시는 없을 것입니다."

그의 논문은 여러 심사 위원의 정밀한 심사 끝에, 다음 해인

1995년 증명이 완성되었음이 전 세계에 공식적으로 알려졌습니다.

영국 케임브리지의 작은 도서관에서 열 살 소년이 가졌던 꿈이 30년 만에 이루어지게 된 순간 세상의 모든 사람은 그에게 아낌없는 박수를 보냈어요.

어때요, 한 편의 드라마와 같은 내용이지요.

"네, 저는 페르마의 정리를 증명하고 돌아서는 와일스의 눈을 보고 순간 가슴이 찡했어요. 뭐라고 말할 수 없는 벅찬 감격의 순간이었던 것 같았어요."

페르마의 마지막 정리가 증명되는 데 걸린 시간은 무려 350년이었습니다. 이 정리는 그동안 각 시대에 살았던 천재적인 수학자들에게 호기심을 자극하는 데 충분한 것이었어요. 비록 마지막 증명은 와일스가 마무리했지만 오일러Euler, 제르맹Germain, 디리클레Dirichlet, 쿠머Kummer를 비롯하여 많은 수학자들의 연구가 모두 모여 결실을 이룬 것이라고 할 수 있지요.

아마 와일스 혼자의 힘만으로는 절대로 증명해 내지 못했을지도 몰라요.

"선생님 말씀을 듣고 보니 수학자들이 다시 보여요. 한 문제를 해결하려고 수백 년 동안 지치지 않고 끝까지 노력하는 모습도 그렇고 자기 것만 고집하지 않고 다른 수학자들의 연구 결과를 받아들여 훌륭하게 새로운 업적을 만들어 내는 것도 그렇고. 저라면 벌써 포기했을 거예요."

"선생님, 저도 와일스처럼 훌륭한 수학자가 되고 싶어요."

"저도요."

"저도 꼭 그렇게 될 거예요."

아이들은 앞다투어 페르마의 손을 잡고 말했습니다.

페르마는 그런 아이들을 바라보며 가슴 뿌듯한 생각이 들었습니다.

그래요. 여러분도 충분히 와일스와 같은 훌륭한 수학자가 될 수 있을 거예요.

더 열심히 공부해서 앞으로 남아 있는 '리만Riemann 가설', '푸앵카레Poincaré의 추측', '골드바흐Goldbach의 추측' 등 여러 가지 미해결 문제를 해결할 수 있는 주인공이 되길 바랄게요.

수업 정리

① 직각삼각형의 세 변의 길이를 a, b, c라고 하고 가장 긴 변이것을 빗변이라고 부르지요을 c라고 하면 $a^2+b^2=c^2$입니다.

이와 같은 식을 피타고라스의 정리라고 부릅니다.

이 조건을 만족하는 정수 중에서 가장 작은 수가 3, 4, 5입니다.

이 수를 피타고라스의 수라고 부릅니다.

'피타고라스의 수는 무수히 많다.'는 사실은 유클리드에 의해 증명이 되었습니다.

② 페르마의 대정리란 n이 3 이상인 수에서는 $a^n+b^n=c^n$을 만족하는 정수 a, b, c의 값은 존재하지 않는다는 것으로 이 정리가 발표되고 300년이 지나도록 누구도 증명해 내지 못하다가 1994년 9월 영국의 수학자 앤드루 와일스에에 의해 증명되었습니다.